だいじょうぶ
じゃなくても
だいじょうぶ

西山茉希

大和書房

はじめに

「だいじょうぶ」のおまじない。
この言葉を何度自分に言い聞かせてきたか、
何度大切な人に想ってきたか――。

だいじょうぶなんかじゃない時なんて、
誰にでもたくさんあるはず。
それでもだいじょうぶになる可能性が
ゼロになることはないと思っています。
思うようにしています。

巡る感情と向き合う日々。
変化する環境を駆け走る日々。

人生37年目。
赤裸々《せきらら》な西山茉希の体験と心情を、
私なりの言葉でここに書き出してみました。

「こんな奴もいるから1人じゃないんだ」
「だいじょうぶじゃなくてもだいじょうぶなのかも」

そんなふうに、本書が
皆さんが持つ可能性の掛け算になれたら幸いです。

西山茉希

MODI

目次

Chapter 2

「愛」について想うこと

Chapter 3

怒るのは悲しいから、泣くのはうれしいから

Chapter 4

幸せは見つけ方次第、考え方ひとつ

Chapter 1

私は「私」しか生きられない

Myself

「デブ」と言われてスカウトされた18歳

「高校時代の思い出づくりに」と新潟の長岡から東京に遊びにきていた18歳の私が、銀座で迷子になっていたところ、知らないオジサンに声をかけられました。芸能事務所のスカウトマンでした。

「こういう者なんだけど（名刺を見せられる）、ちょっと話を聞いてもらっていいかな？」

迷子で涙目だった私は、「話を聞く代わりに原宿まで連れていってほしい」と懇願《こんがん》。

知らないオジサンと都会の満員電車に2人で乗ることになりました。

知らないオジサンに電車の中で「脚が太いね」と言われました。

悔しくて、長岡で約1年ダイエットしました。

夢もなく、進路も決めず、フリーターとして高校を卒業し、何かひとつやり遂《と》げる覚悟を持つことにおびえていた私に、知らないオジサンは言いました。

「キミは変化を恐れて逃げている」

「じゃあ、やります」

胸の奥の芯の部分がぎゅっと絞られるように痛くて悔しかったのは、「逃げる」なんて言われるほど闘っていなかった恥ずかしさに襲われたのと、触れてほしくなかった核心を突かれたからなんだと記憶しています。

いまだに自分でも理解しきれないほど、「臆病《おくびょう》」と「強気」が行ったり来たりするこの心が、思いっきり後者に振れたことで、私は人生の舵《かじ》を大きく切ることになりました。

何かをやりきる覚悟なんて、どんなに探しても、どこにも落ちてない。

「やってみてどうするか」、見えない未来に警戒するよりも、飛び込んでから見える景色の中で考えようと、「防衛心」より「冒険心」が芽吹いたのは、あの時の大きな選択が小さな種になってくれたんじゃないかと思っています。

今でこそ笑えていますが、ここに来るまでの道のりは決して平坦ではありませんでした。

「痩《や》せろ」と言われたり、「太った」と言われたり、「痩せすぎ」と言われたり、

ゴールもわからぬダイエットを繰り返した10代ラストから20代入り口。

服が入らなければ仕事にならない時代に、猪突猛進《ちょとつもうしん》な失敗を繰り返す数年。

何度も帰りたかった。

どうしても帰れなかった。

たくさん辞めたかった。

どうしてか叶わなかった。

涙しながらも、なんとも贅沢《ぜいたく》な運命に引っ張られて、今37歳の西山茉希がこの東京で心から笑って過ごせていることについて、少しお話をさせてください。

Question & Answer
質問に答えましょ

Q／宝物はなーに？？？

A／宝物
物より者が
タカラモノ

生きることを継続できているのは、人の心に支えられているから。だから、次の一歩を選べているんだと思う。私の根っこの部分で、「人」の存在が宝物だなって思えてる。ちなみにおばあちゃんからもらった手紙も宝物。でも、それも結局は「人」であるカタチだから。

Myself

葛藤《かっとう》の先にあったもの

「一度やると決めたら、何があっても3年はケジメとしてやり続けよう！」

そう決めたものの、いろんな大人たちのいろんな事情のなかでいろんな感情になりながら、何度心が折れたことか――。

こう見えて、華やかな世界は意外と苦手で、大勢がいる場所も決して得意ではない私。順風満帆《じゅんぷうまんぱん》なメンタルでこの仕事を続けてこられたわけではありませんでした。

「21歳までは絶対やり遂げる。そしたら新潟に帰ろう」と思い、がむしゃらに過ごした3年後、まわりの説得もあって「あと3年は頑張ってみる」。そんな「3年」「3年」が積み重なり、辞めることのほうがよっぽど勇気が必要だった継続の道。

まわりの大人たちを信じられなくなり、誰とも連絡をとれなくなってしまった20代中盤。

2、3日オフをいただいたら、携帯電話の電源をオフにしてひとりで空港に行き、パスポートひとつで「今から乗れる便ありますか？」「今からなら、どこの国に行けますか？」とカウンターに身を乗り出し、教えてもらった海外へふらり。現地に着いたら、タクシーの運転手さんに相談をしてホテルを決め、のんびり過ごして心を癒《いや》して帰ってくる――。そんなことを続けていた数年もありました。

運命が、西山茉希を引っ張り続けた結果、37歳の私がここにいられるのだとしたら、だいぶ遠回りをした感じはするけれど、**すべての経験が私には必要だった**のだと、今なら思えるのです。

Q／長所は？

A／楽しめる
だいたいなんでも
楽しめる

喜ぶとか楽しむとかのハードルはめちゃくちゃ低いの。どんなことも少し角度を変えれば、なんでも楽しめる！　遊び心を持って、柔軟に、自分らしくやっていると、どんどん自分の楽しみ方になるでしょ？　たとえば、どうせあそこまで行かなきゃいけないなら、普通に歩くんじゃなくて、スキップで行ったら楽しいな♪とか、そういうこと。

Question & Answer

質問に答えましょ

Q/短所は?

A/すぐに泣く 感情なんでも すぐに泣く

私の場合、喜びも怒りも悲しみも苦しみも「涙」に変わっちゃう(笑)。心の奥ではいろいろ感じているいろいろな「涙」なんだけど、表面上は「泣いている」だけになっちゃうのが、短所と言えば短所かな。

Myself

「13年間の奴《ど》隷《れい》」と書かれたモデル

２０１７年のある日、保育園に娘を迎えにいった帰りのこと。

突然、記者さんに話しかけられました。

「西山さん、今、所属されている事務所がどうなっているか、わかります？　事務所に電話してもつながらないんです」

２人目の子どもが生まれ、ゆったりお仕事をさせてもらっていた私は、事務所の内情を把《は》握《あく》しておらず、何のことを聞かれているのかわかりませんでした。

ふたをあけてみたら、事務所が空っぽで夜逃げ同然でした。

それが、２０１７年当時メディアで報道された「事務所トラブル」。

振り返れば、お給料は２人目妊娠で切迫早産の入院中に半額になり、そのお給料も未払い状態。

直後に出た女性週刊誌には「西山茉希、13年間もの奴隷契約」の見出しが躍《おど》り、その日を境に、私は世間から好奇《こうき》の目で見られ、連日マスコミに追われることになりました。

18歳からの13年間、がむしゃらに闘って走ってきたこの道を、「奴隷」と2文字で記され、私のすべてがなくなっていくようでした。

差し伸べられる手は、世間に届かぬ闇におびえて震えていたから握れなかったし、腫《は》れ物に触れるかのようなやさしさの目が届いても顔を背《そむ》けるしかなかった。

賢くないこの頭は、自分の心を守ることに必死でした。

止まらない涙を不思議がる子どもたちに伝える内容としては大人な事情すぎて、〝ベランダに消える母〟を子どもたちに何度も見せてしまった当時。

電話が鳴るたびに恐怖と不安と憂鬱《ゆううつ》に押しつぶされそうで、逃げ出したくてたまりませんでした。保育園にも実家にもマスコミの方が来る恐怖。何かを話せば事が広がる恐怖。

一方、スーパーのレシートを見ては、脳裏《のうり》に浮かぶ通帳の数字。

子どもたちが選んで持ってくるたったひとつのお菓子の値段にすら敏感になった時、私は「出ていく数字」も「残された数字」も目にすることをやめました。

なんでもいい、働こう。
数千円でも、数万円でも。
仕事をすればゼロにはならない。

それに、「収入」を得られたら、それは私が私として生きる価値になり、社会に必要とされる証《あかし》になるのかもしれない。

ありがたいことに、私の前には「（仲間の家の）お手伝いさん」か、「（仲間の親御さんが営む会社の）雑用バイト」の2択のお仕事が現れました。

Question & Answer
質問に答えましょ

Q/最近の流《は》行《や》りは？

A/ハヤりよりハマりを重視にマイライフ

流行を追いかけてシーズンごとに新しいお洋服やバッグを買ってみたこともあって、確かにかわいいし、それはそれで楽しかったんだけど、上辺の心しか喜ばないからハヤりを追いかけ続けられなかった。でも、変身することは好き。一度しかない人生、いろんな自分を演出することにはハマるの。

Myself

決戦の8月31日

バイト生活に切り替えた数か月。

何かをしていれば気が紛《まぎ》れたし、何かをしたぶんだけお給料になる。

生活をする意味でも、そして私が私でいられる意味でも、あの数か月はとても貴重だったし、選択してよかったといまだに思います。


一方。

このまま芸能界を辞めるのか。

「消えたね」と言われて終えるのか。

それとも、もう一度芸能界で勝負をしたいのか。


自分のプライドと向き合いながら、答えをずっと探していました。

記憶に残る２０１７年8月31日。

その日は、翌日から夏休みをいただく予定でいて、バイト出勤最終日。

まぶしい晴天に背中を押されて、私はバイト先に電話をかけました。

「今日バイトを休ませてください。行きたい場所があるんです」


迷いませんでした。むしろ、**今日動かなければ一生後悔する**と思いました。


アポなしで、今会うべきあの方に会いにいこう。

突然現れてみて、私の印象を感じてもらおう。

芸能界の商品として、その印象に魅力を感じてもらえれば戻してもらえるはず。

バイト先への電話を切ってすぐ、クローゼットへ駆け寄り、普段手に取らないきれいめのコーディネートを組み、髪の毛をきちんと整える。


さあ、行こう！

Q/毎日全力で疲れないですか？

A/全力は己が知るより伸びがある

「疲れた」と終わっちゃったら、その先にある可能性をなくしちゃう怖さが私の中にあると思うの。疲れるし、休みたいと思うけど、そこで終わらせたら「END」にしかならないじゃない？　「まだだいじょうぶ」「まだいける！」と思っていたほうが、後々ラクになることも多いし。この根性は、学生時代のバレー部で培《つちか》ったものなのかも。

Question & Answer

質問に答えましょ

Q／元気の秘《ひ》訣《けつ》は？

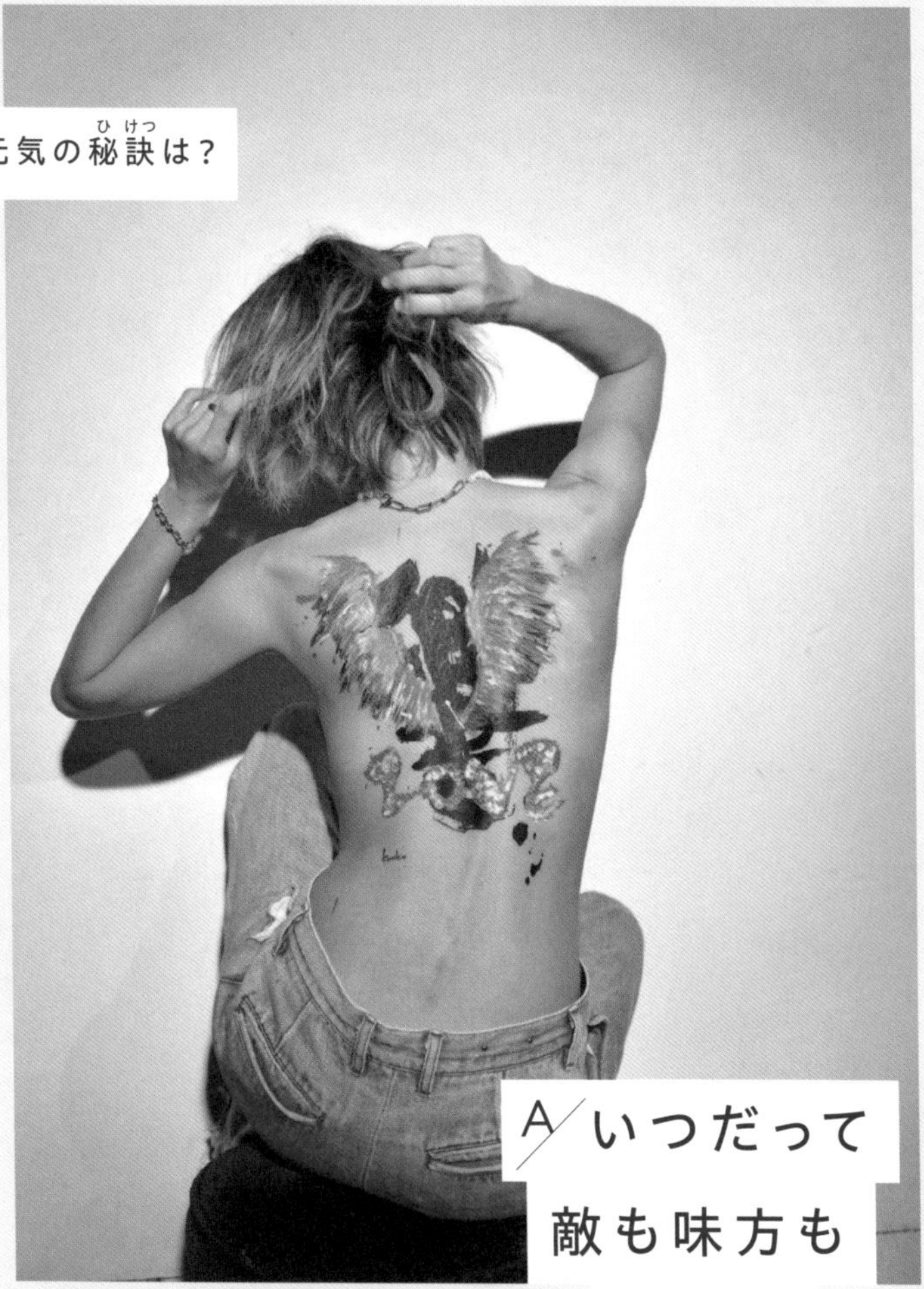

A／いつだって敵も味方も己かと

同じ1日を過ごすなら、悩んで終えるより、笑って過ごせる自分でありたい。そう簡単なことではないけどね（笑）。「感情」は元気じゃなくても、「心」は元気でありたいな、って。

Myself

どん底から這《は》い上がる覚悟

向かう電車内、呼吸が乱れ、スマホの文字を打つ手が震える。「鎮《しず》まれ、鎮まれ」と言い聞かせるように胸を叩く。

あの方に会えるか会えないか、そんなことはわからない。
でも、アポを取って会いにいったら、自分の行動を予告することになる。構えられたら意味がない。その時の私に「前置き」は不要でした。

結果が運命。
今動こうと思ったこの直感に乗っかろう。
最後に動いてケジメをつけよう。

朝の通勤電車の中に、こんなに緊張している人間が紛れているなんて、誰も思わないよね……。

聞こえてないよね？　この心臓音。

仕上げたヘアメイクに、容赦《ようしゃ》なく滝汗が流れる。


油断をするとひるんでしまいそうな心をかき消すようにしながら、何年ぶりかにたどり着いたビルの前で、何度も繰り返す〝最後の深呼吸〟。

３６０度どこから相手の視界に入っても、それがその人にとっての第一印象。

あの方に「誰だ？」、そう思ってもらえたらいい。


どこに立つべきか。

どの角度で待つべきか。

どのくらいの時間を覚悟しようか。


その数時間後。

私はまた、この世界に座るイスを差し出してもらえていました。

「イス取りゲーム」だと言えば軽すぎるけれど、イスがなければ座れない世界。書き出しきれないほどに浴びてきた荒波の数だけ、私は経験を重ねることができたのだとも思います。

「人生は結局、すべてご縁なんだ。ご縁に感謝して生きろよ」

何のことだかよくわからず、父から呪文のように聞いてきたこの言葉の意味が、今ならよくわかります。

生かすも殺すも人と人。
１ミリのご縁も無駄にせず、もう一度この世界で生かさせてもらおう。

そう心が決まった覚悟の日でした。

Question & Answer
質問に答えましょ

Q/今を大事にするには？

A/今は1秒後には
過去になっちゃうんだよ。
良くも悪くも
あっという間に
二度と戻れない
過去になっちゃうんだよ。

今のことだけ考える。過去は変えられないし、未来は何が起こるか誰もわからないから、深刻に考えるだけもったいない。

Myself

私は私の体で生きていく

ある時から、私は自身の体型のことで叩かれるようになりました。

「激ヤセ」「病的」「ガリガリすぎる」。

過去の写真と今の写真を並べられたり、「アルコール依存症なんじゃないか」「薬物をやっているんじゃないか」「摂食障害なんじゃないか」と、さまざまな憶《おく》測《そく》が飛び交うようになりました。

見られているお仕事だからこそ、評価もついてくることは重々承知。

しかも、「きれいであること」を生業《なりわい》とするモデルという仕事だからこそ、それが1ミリでも崩れると何かしら言われてしまう……。

それはもう体型だけじゃなくて、「幸せそう」に見えてもダメだし、「不幸そう」に見えてもダメ。「美しく」見えても見えなくても、いろんな声が届く。どんなふうになってもどこかを否定される、生きにくい時代。そう感じるようになりました。

年齢を重ねてくれば体型も見た目も変わる。

私がさまざまな経験を経ながら、年齢とともに培ってきたこの体と心は、どうであれ今の自分にとって「心地いいもの」であることには変わりない。

世間に何を言われても、私は私がこの体であることを選んで、受け入れて生きている。山あり谷ありな人生だけど、この体と心でバディを組んで、私は私の「今」を一緒に乗り越えている。

目に届く言葉に傷つくよりも、そう思える自分になれた今。

30代までは「努力」がきれいを生み、
それ以降は「メンタルの柔軟性」が美しさに変わる。

そう思います。老いて太っても、老いて痩せても、ほんとうに美しく心が潤《うるお》っている先輩たちは、それを「個性」として美しく生きています。

どんな自分に変化していっても、しなやかに受け入れ、個性として楽しみ、心地のいい美活を継続していきたいなって思っています。

Q/痩せられない……

A/足りてない
本気と根気が
そうじゃない？

気持ちは行動にしないと意味がないから、私は「こうありたい」という願望を口にしたら、行動もセットにしてる。

Question & Answer
質問に答えましょ

Q/ダイエットが続きません

A/続かない 己が決めてる 続けない

「できない」「続かない」のは、環境のせいでも、人のせいでも、時間のせいでもなく、「しない」「続けない」という選択を自分がしているだけなんだよね。

Myself

負けず嫌い、頑固、プライドが高いの3拍子

今でこそ「ガリガリの体型」と言われがちですが、子どもの頃は肥満児で、学校からの健康帳にはずっと赤ペンがつくほどでした。

そんな私が、中学時代にはバレーボール部で全国大会に出場したり、県選抜メンバーに選んでもらったりして、徐々にタテ長の体型へと変化したのです。その時に培った精神なのか、負けず嫌いだし、頑固だし、プライドが高い。

自分をストイックに追い込んで成長することが好きで、だから、ジムでのハードだと言われるトレーニングも楽しめているんだと思います。

私のプライドとは何か——。

芯に強くあるものを「プライド」と呼ぶのなら、私にとってそれは「しなやかに、やわらかく、強くありたい」という信念。

バレーボールの県選抜のチーム曲が、大黒《おおぐろ》摩季《まき》さんの名曲『あぁ』でした。

“あれは　身を引いたのか
それとも　逃げ出したのか”

という歌詞があって、それは大人になった今でも心に響いている言葉です。

「身を引く」と「逃げ出す」って実は背中合わせで、何かをやめようとする時、何かを変えようとする時、「それはどっち？」って自分に聞いてから次の選択をするようにしています。

「身を引く」というふうに思えなかったら、その選択をしたくない。

「逃げ」かもしれないと思ったら、その選択をやめる。

「芸能界を辞めたくない」と思った時もそう。このまま消えたら逃げたことになって、情けない自分になって終わるんじゃないかなって思ったから、続けよう、続けたいって思った。ずっといたいわけじゃなく、しがみつきたいわけでもないけど、私が自分で「身を引きます」という時を待ちたい。

　学生時代に学んだことは無駄になっておらず、東京で生きる私にいつも活を入れてくれます。

Q/ 気合いを入れる時、どーしてますか？

A/ 気合いをさ入れるためには睡眠を

とにかく寝たらエネルギーはチャージされるし、寝てない時ほど悩みがちで心が元気じゃなくなってしまう。明日頑張らなければいけないことがあるなら、睡眠をとろう！　これに尽きる。

Question & Answer
質問に答えましょ

心の支えがずっとあるとは限らないでしょ。たとえばそれが親とか友人といった「ヒト」であっても、「モノ」や「コト」であっても。だから私は「心の支え」よりも「心の柔軟性」のほうが欲しいかな。

Q／心の支えは？

A／決めてない
なくなった時に
困るもん

Myself

自分を守る「あったかい言葉」

「自分の心は自分で守ろう」って、いつの頃からか思うようになって、私の心が苦しんでいたり、悲しんでいたりしたら、それは自分で声に出して守ってあげなきゃいけないなって思うようになりました。

「踏ん張ること」と「心を傷つけながら頑張ること」って違うから。

だから、私は「自信がない」一方で、自分を自分で肯定してあげる。

「だいじょうぶ、だいじょうぶ」「あなたもいいところあるよ」「だから踏ん張れるよ」って「あったかい言葉」を自分に打ち込む作業をしてる。

自分が自分を愛せていないと、人のことは愛せないでしょ？　自分自身を愛していることに自信を持っていないと、人のことがうらやましくなっちゃったり、いつの間にか自分のことがわからなくなっちゃったりしそうだから、私は私を大事にしようって決めているんです。

表面的な部分では簡単に傷ついちゃうし、簡単に喜んじゃうから忙しいんだけど。でも、もう一歩二歩深いところでは、私は私を大事にすることを基本にしていたい。

それは、仲間や友人、あと私のインスタに悩みを寄せてくれる人に対しても一緒で、「あったかい言葉」でギリギリだった心をゆるめてあげられたらうれしいから、「あったかい言葉」を打ち込める人でありたいな、って。

心が傷ついた時、防御が攻撃に変わるタイプの人もいると思うし、その人にとってそれが心を守れるいちばんの方法なら、それはそれでいいと思うんです。今の自分以外の自分になろうとすればするほど〝自心《じしん》〟を見失ってしまうものだから。

ただ、私は怒るより悲しみたい。相手を嫌うより苦しむほうが心に合っているから。だから、「言葉」で自分をなぐさめたり、励ましたりしているんです。

言葉を発する時にいちばん気をつけているのは「温度」。

言葉って不思議で〝温度の魔法〟みたいなものがあって、低いトーンで暗くなって「私って嫌われてるんですよ……」って言うとドヨーンとして、聞いた心も冷たくなってしまうけど、「ほら、私って嫌われてるじゃん？（笑）」って明るいトーンで言うと、笑い飛ばせる会話につながる。

自分が発する言葉って、相手に届けているようでいて、いちばん聞いているのは自分の心。

だからこそ、「あったかい言葉」を常に響かせていたいなって思うんです。

Q/受験生を励まして!

A/無駄はない
やるだけやったら
悔いもない

今の努力、今の経験というのは、絶対無駄にならないし、ほんとうにやりきった時って、結果落ちても負けても、自分をゆるしてあげられると思うの。自分が精いっぱいやるだけやれば、どんな結果であってもその先に絶対マイナスはないから。「頑張る」ことの質を上げられるかどうかは自分次第。

Myself

「西山茉希」と「西山茉希」

芸能界でリスタートさせてもらって以降、たくさんの応援の声ももちろん耳には届いたけれど、それ以上に心にしっかりと刺さってきたバッシングや誹《ひ》謗《ぼう》中《ちゅう》傷《しょう》の数々。

「私は嫌われる人間」とすっかり自分に刷り込んでしまっていたので、テレビに出演してもオンエアをチェックできなかったり、ネット記事に何か書かれてもそれを読めずにいました。

「なんでそんなに自信がないの？」

周囲からもそう聞かれるほど、自他ともに認める豆腐メンタル。

でも、それって、もしかしたら、本名も芸名も同じ「西山茉希」だからなのかな、って考えたことがあるんです。

無防備《むぼうび》に素の自分むき出しで生きてきた普段着の「西山茉希」と、女性ファッション誌の誌面で笑えない時も笑ってきたキラキラな「西山茉希」。

そこに境界線がないから、「西山茉希ってムカつく」という言葉が耳に入ってきてしまうと、そのムカつく対象が表舞台の「西山茉希」であっても、ストレートに素の「西山茉希」も一緒に否定されている気持ちになって、どんどん傷ついていく……。

そこに気づいてからは、「西山茉希」と「西山茉希」を分けるように心がけてきました。少しずつ、少しずつですが。

表の西山茉希が「批判」を受け止めたとしても、素の西山茉希の「価値」は変わらないからだいじょうぶ、と言いきれる自分になりたい。

もちろん私の心はアンチの存在に慣れることも、強くなることもなく、しっかり傷つくけれど、常に思っています。

弱き心よ、しなやかであれ、と。

Q／新しい仕事への背中を押してください♡

A／新世界宝探しへよーいどん

一歩先に何が待っているかわからない、どんな出合いが待っているかわからない。見えない未来ほど不安なことはないけど、一歩進んだらこれまで見たことがないような景色が見えると思う。人生は宝探しだから、新しい世界でまた宝探しができたらいいよね。

Q/ 新しいことにチャレンジしたい。勇気をくださーい！

A/ 知らぬもの
知れば身になり
武器となる

チャレンジできるって幸せなこと。どんなことであれ挑戦して知らない世界を知ることは、知識も得られるし、経験もできるし、自分のプラスにしかならないと思うんだ。

Myself

しっかり傷つくことから始める

私は自分が「芯の強い弱虫」だと知っているから、世間から届く「心ない言葉」にはしっかり傷つくし、ちゃんと涙が出るし、ちゃんと怖くなります。

もうこの性格は直せないし、直るものでもない。

心の傷のつきやすさって、頑張ってごまかせても強くはならない。

心の「弱さ」「強さ」って生まれ持ったもので、少しは育った環境で鍛えられるかもしれないけれど、そう簡単には変えられないと思うんです。

変えられないのに、「弱い自分を強くしたい」ってもがけばもがくほど、今の自分を否定することになっていって、どんどん自分を嫌いになっていってしまう。

自信がなくなっていってしまう。

こんな私でも、みんなから嫌われたくないんです。

だからついつい、口をついて出てくる「ごめんなさい」の言葉。

「悪いことをしたわけじゃない。みんなにちゃんと説明しよう」と思うことでさえも、つい冒頭から「ごめんなさい」って謝るクセ。

悪いことはしていなくても、私の存在が不快に感じさせているなら「ごめんなさい」って思う。

100点満点な人なんていないのに、360度すべての角度から評価されるこの世界。減点されていくたびに自信を失っていく心。

でもね。

ひとつひとつ1秒ごとに起こる出来事や感情は経験として積み上がっていく。

弱さは持ったままでも、守り方は経験としてストックしていける。

何かあっても「あ、そういう感じで攻撃がきたか。でも、だいじょうぶ。あの時、同じ感じでこうやって乗り越えたから、ああいうふうにしよう」って、「経験」という引き出しからひとつ「防具」を出せる。

まっすぐ捉えたら思いっきり傷ついちゃうけど、こっちの角度から見たら笑えるかもしれない、とかね。

今傷ついたとしても、それは未来の自分へ、「防具」をひとつ増やす必要な経験なのかもしれない。

平気にはなれず、ちゃんと傷ついたとしても、そのあとに、ころころころころ対応できる柔軟力があればまだ生きていける。自分の心の弱さをよく知っているからこそ、なぐさめ方も用意できるようになれたのかもしれません。

だから、私はファイティングポーズをとらずに、受け止めたい。
そのほうがよっぽど自分らしいと思えるから。

Question & Answer
質問に答えましょ

Q/悩むの無駄ってわかってて悩んじゃいます。やだなー

A/好きなのよ
基本は悩むの
好きなのよ

A/やだなって
思わなければ
着地じゃん？

悩みグセってあるよね。そういうマインドになることが心地よかったりもする。「悩むの無駄だってわかってて悩んじゃうんですよ」っていう自分をまるごと好きになれたらいいんじゃない？　私も悩むこと自体を楽しんじゃう人間(笑)。「悩む」ということをマイナスに捉えるの、もったいないって思えてきたから。

Myself

どんな選択をしても振り返らない

2択が目の前に出された時、決めるのは直感。
やるか、やらないか。右か、左か。
時に人生の岐《き》路《ろ》に立たされることだってある。

選択したことが、結果的にあまりうまくいかずに終わった場合、選ばなかったもうひとつのほうを選んでいたら未来が変わっていたかな……って後悔することあるでしょ？　考えたってどうしようもないことを考えちゃったりして。

だから、私は、後悔しないためにも振り返らないことにしています。なんでこっちを選んじゃったんだろう、あっちを選んでいたらこうはならなかったのに……って、思い浮かべれば何に対してだって出てきてしまうから。

よかったんだよ。選択の直感が働かない人だっていっぱいいるなか、ちゃんと選べた。選択したその時、少なくともその瞬間は悩んでいなかったのだから。

「貫《つらぬ》けるものを持っている人」は強いと思う。

自分の選択したものを、結果がどうであれ「これでよかった」と貫ける強さは「しなやかさ」でもある。

「ゆるすことができる人」って強いと思う。

ゆるすこと、受け止めること、受け入れること。それができたら、闘わず、争わずに突き進んでいける。

どんな選択をしたって、自分のことも、まわりのことも受け入れ、ゆるせる自分でいたい。いいじゃん、いいじゃんって。どんな結果になっても、貫いたことは間違ってなかったよ、って。

私が人間としておっきくしたいのはそういう「ゆるし」の部分なんです。

Q／二日酔いです……

A／もう呑まん 朝のつぶやき エンドレス

繰り返すんですよ……、繰り返しちゃうんですよ……(苦笑)。

Question & Answer
質問に答えましょ

後悔と反省は、ポジティブに変換しておきたいですよね。

Q／飲みすぎて記憶をなくしてしまいます

A／なくしたら
またつくろ。
なくしたぶんだけ
またつくれるさ。
巡る記憶
次は記録で。

Myself

心を休める時間

思いっきり傷ついちゃう性格をわかっているから、オフの時はしっかり心も休める。20代半ばの時は「ひとりで海外へ逃避旅行」していたけど、子どももいる今は、できるだけ時間を見つけてしっかり「ひとり時間」を感じるようにしています。

今日は完全オフの日にしようという時は、**好きなこと、心動くことをひとりで思いっきりやりきる。**

ピアノを弾いたり、絵を描いたり、文章を書いたり。

心が納得するまで長時間それに没頭し、五感をいっぱいに使って表現することが、生まれつき好きなのかもしれない。

昔から、
短距離走より長距離走が得意だった。
数学より国語が好きだった。
図工で描く絵は画用紙を飛び出していた。

制約もルールもナシ。心のおもむくままに、手を動かす。

私にとっては料理もそうで、レシピ本のとおりには作れなくて、いつも「これとこれを足したらおいしそうじゃない？」というインスピレーションで作るのが、心から楽しい。
お酒も、チューハイ2缶を毎度割って飲むんだけど、それもその日の直感。

生きるクセはあの頃から知れてる。
人って根本は変わらないのだから、ただただ向き合い上手になればいい。
そう思います。

Chapter 2

「愛」について想うこと

Love

人生に掛け算をしてくれるご縁

嫌な思いをするぶんだけ、
他人を「決めつけ」で判断しないようにしようって思う。
嫌な思いをさせる人になるのではなく、
嫌な思いをしている人と前進したいって思う。

表に出る仕事をしているぶん、心ない言葉を投げかけてくる人がいる一方、私の人生に掛け算をしてくれる人たちとの出逢いもたくさんあります。
「出逢う」ことって私は「掛け算」だと思っていて、どれだけひとりの私が懸命に生きていても「1」でしかない個体だけど、出逢った人数のぶんだけ私の人生は倍、倍、倍で豊かになっていく。

私はひとつ確信していることがあって、これまで出逢ってきた人、今出逢っている人、そしてこれから出逢う人は、すでに私の人生のなかで出逢ってくれることが運命として決まっていて、順番にひとりずつ逢えていってるんじゃないかな、って。

なるべくして友人になり、なるべくしてお仕事を一緒にさせてもらっている。

だとしたら、**大切じゃない人なんてひとりもいなくない？**

出逢うべくして出逢っているのなら、たとえいざこざがあったり、うまく噛み合わなかったとしても、お互いに学び合えたり、感じるものがあって成長し合えているのだから。

私に出逢ってくれた人、すべてがご縁。

多少ご縁に深い・浅いがあっても、出逢ったことには必ず意味がある、そう思うのです。

Q/友だちって何？

A/色みたい
みんな違って
みんなスキ

その人の本質が好きで友だちなのだとしたら、仮に「嫌な部分」があったとしても、それは「その人のクセ」だと思えるし、それもトータルして好きなのが「友だち」。私は、「友だち」というパレットの中に、いろんな絵の具の色が並んでいるように、どの色も違ってどの色も好きって思うの。

「信頼」は心で感じるもので、信頼するかしないかは自分で決めるしかない。相手がどうこうするから私が信じるのかどうかではなくて、自分が相手に対して信じるかどうか、それだけだと思う。

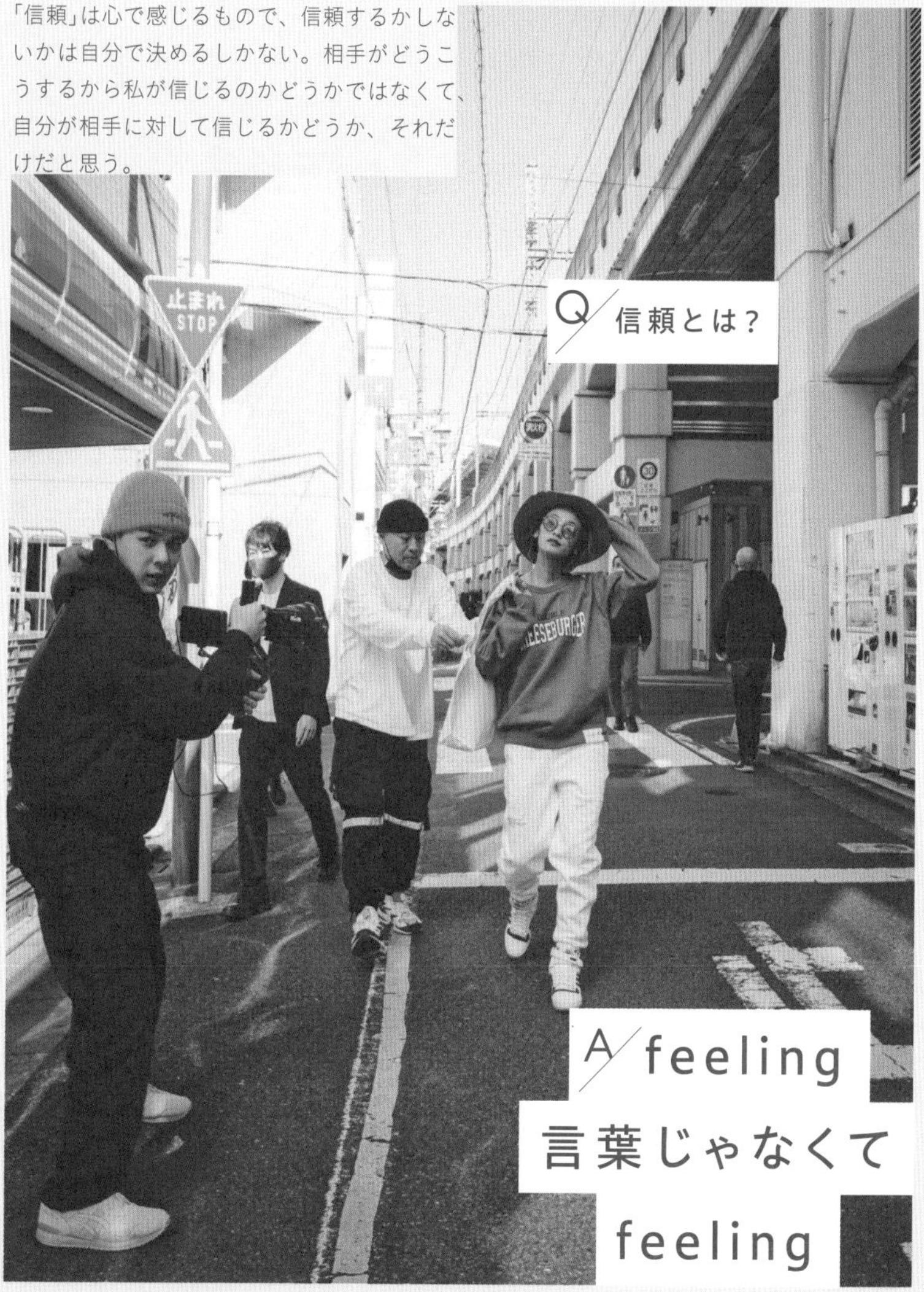

Q/ 信頼とは？

A/ feeling 言葉じゃなくて feeling

Love

授かるご縁

私には2人の娘がいます。
そんな2人のことをチビーズと呼んでいます。
9歳と6歳。
母親にさせてもらってからもうすぐ10年を迎えようとしています。

私は男きょうだい2人にはさまれていたので、経験したことのない姉妹という環境。女の子2人で、時にケンカもするけど、時に爆笑し合い、日々成長してくれている彼女たちの景色や感情は、たくさんのことを魅《み》せてくれます。

なかなか妊娠できず、過去の過剰なダイエットや体への負担を後悔する時期もありました。
切迫早産の体質により、産むまでの過程で入院を余儀《よぎ》なくされたこともありました。

小さな種を命にすること、
その命を誕生させること、
成長させること。
すべてが当たり前に起きることでも、願えば叶うことでもなく、自分の人生のように選択できるものでもないことを学ばせてもらいました。

母としていちばんそばにいることよりも、
愛として不変な場所でありたい。

母性として欠けているような言葉ですが、
そう思いながらこれまできました。

何が起きてもここにいることを忘れないでもらえるように、彼女たちの人生をこれからも見守っていたいです。
言葉のいらない安堵《あんど》を与えられる存在でいたいです。

親子の縁。
そのカタチも人それぞれ。
まだ正解は知らなくていい。

大人になった彼女たちに厳しく採点される日を、
今はまだ楽しみにしていようと思っています。

Question & Answer
質問に答えましょ

Q/どんなママでいたいですか？

A/ストライクにしてあげられるキャッチャーでいたい

子どもたちはいろんなボールを持っていて、間違った球を投げちゃうかもだし、どこに投げたらいいかわからず迷子になっちゃうかもだけど、どんなことでも広く受け止められるママでいたいの。「だいじょうぶだよ」「平気だよ」「いいじゃんいいじゃん」って言ってあげられる、絶対的な信頼感を持ったキャッチャーでいたいな、って。

Love

離婚を決断する時

２０１３年に結婚をした私。

６年後に、離婚をしました。

私のもとには
「離婚したいんですけど、どう思いますか？」

「離婚したいので背中を押してください」

「結婚生活がうまくいかずつらいです。何か言葉をください」

「彼がこういう態度なんですが、茉希さんならどうしますか？」

などさまざまな「離婚相談」がきます。


でもね、私は離婚はしたけれども、離婚推進者ではないんです。

離婚を選んだことが「強い」ことでも「頑張った」ことでもなく、されとて「恥じる」ことでも「悔やむ」ことでもない。

ただ、あの当時の私は、自分のことがどんどん嫌いになっていって、どんどん迷子になっていき、さまざまな思いを削っていった結果、「自分を好きでいられる日々をこれからは刻んでいきたい」、その思いだけが残りました。

それが決断の芯。

「別れたほうがいいよ」と周囲に言われたからって別れるほど無責任な愛し方はしていなかったし、誰かに背中を押されたからって決められるほどの軽い覚悟で名字を変えていない。

だからもし、離婚に迷っている人がいるとしたら、後悔した時に誰かのせいにしない選択を、時間がかかっても自分の心で決めてほしいんです。

Q／子どもを怒りすぎちゃって少し後悔。つらい夜

A／その後悔起きたらハグに変換で

自分の子どもにした後悔は、自分の子どもに返さないと、ね。

下の子が生まれていっぱいいっぱいになっているってことだから、自分の心を一度ほぐすことを優先しましょ。ママがママであることに疲れているんだと思う。だから、まずは自分を癒しましょ。

Q 上の子にやさしくできない。心がモヤモヤ

A ゆるめましょ 一回心をほどきましょ

Love

かっこいいママではいられないから

私は泣き虫なので、心が動くたびに涙があふれてしまいそうになります。

事務所騒動の時もそうだし、離婚を悩んでいた時もそう。

子どもたちにはできるだけ「ママの涙」を見せないようにしたいけど、一緒に住んでいたら隠せない涙もある。

そういう時は、次の日に子どもたちに、なんでママは泣いていたのかをできるだけ説明するようにしています。

「ママね、こういう理由で泣いてたんだ」って。

「母親が泣いていた夜」って、子どもの心に強く刻まれてしまうと思うから、ほんとうはできるだけ見せないほうがいいんだろうなって思うんです。

でも、我が家は、ひとつ屋根の下で大人はひとり。隠れて泣く場所なんてないから、**「泣いてるママ」も「笑っているママ」も隠さない、というか隠せ**

ない。

そういう母親しか私はできないって自分でまるごと認めるようになりました。

かっこいい母親にはなれないなって。

生活を回して、家事をして、仕事をして、お迎えにいって、ってしていたら、自分にもチビーズにも、その場その場を繕《つくろ》って過ごすことは無理だな、って。

どんなママのことも全部知ってもらおうって思ったら、我が家には笑顔がとても増えました。

「ママは泣き虫だからねー」って笑ってくれるチビーズがいる。

大人の事情や心情を子どもたちに伝えるかどうかは賛否あると思うけれど、でも私は隠さず伝えたい。そういう母親なんです。

離婚してから3年。

はじめて「ありのままの自分で一緒に過ごしたい」と思える人に出逢えた時、

子どもたちにそれを言おうか、いや、そもそも恋愛をしてしまっていいのか、迷いました。終わらせるべきではないものを一度終わらせてしまった私が、ふたたび幸せになろうとすると、子どもたちを振り回すことになってしまう。

「どうしよう」

その時感じた本音をすべて彼に打ち明けた時、彼から**「子どもがいるのが茉希じゃん」**って言葉が返ってきました。

当たり前のような言葉なのに、当たり前のように言ってくれることがただただうれしかった。

彼と過ごすチビーズたちを見ていて思うんです。

これもまたひとつの愛のカタチでいいのかな、って。

そう思っていたいな、って。

Q/イライラしない子育てをしたいです

A/イライラすることがいけないのではない気がするダヨ。感情が動く根っこには愛がある気がするダヨ。人間だもん。上手にコントロールできるようになるダヨ。

「今、トイレ？　だからさっき『トイレ行ってきてー』って言ったじゃん～！」って時、ない？(笑)　でも、今この子がトイレに行きたい状況は変わらない。なら、「まー、いっか！」って切り替えて、トイレを探したほうがいい。おもらししちゃったほうが大変。子どもにやさしくするコントロールじゃなくて、自分の心を切り替えるコントロールをしたほうがいいなー、って思うのですよ。

Love

離婚後の恋愛

大切に思える人がそばにいてくれます。

でも、離婚後、また恋愛のスタートラインに立つには、心の荷物が多すぎるのもまた事実。

人と比べることなどないからわからないけど、幼稚園で初恋をして以降、きっと人並みに恋愛をしてきました。結婚をし、離婚も経験し、積み重ねてきた歴史がゼロになった時、「茉希、外に出なよ！」「まだ30代でしょ？」「恋愛なんてまだまだできるよ！」「もっと楽しまないと！」。

離婚後にたくさんの言葉を耳にして、たくさんの誘いももらいました。

出逢いの場より心地よい場が好き。

無駄な広がりをつくりたくない。

そんな頑固な私を連れ出そうとしてくれた仲間がいることは、とてもありがたく幸せなことなんだと思いました。


子どもたちを預けられる時間に外に出る。

「はじめまして」もいれば顔馴染《なじ》みもいる。

そんななかで少しのトキメキや、恋の始まりの匂いを嗅《か》いだこともある。

「楽しかったね！　また会おうねー！」「ご飯行こうよ！　いつなら空いてる？」。

解散後にやりとりする、一見当たり前のような会話が心を締めつける。


気軽に「またね」なんてつくれない。

いつなら空いてるかなんてわからない。

楽しかったけど、今日はたまたま時間ができただけ。

シングルマザーの恋愛は、独身時代のそれとはまったく違うんだということを知りました。

Q／子どもが言うことを聞いてくれない———。グズグズグズグズ

A/「聞かない」と「聞きたくない」は別問題

言うことを聞いてくれないことは、子どもならあるある。「ママの話を聞きたくない」って言われるより全然ウエルカム！

Love

シングルマザーの私が恋をした

子どもたちを預けられる日を探して出かけることは、結婚生活の中でもしていたことだけど、離婚後、誰かと知り合うためにひとりで動いてみる先には、心の行き止まりを感じていました。

関係が親密になれそうになるほど、行き止まりが見えてしまう。

「私はひとりで生きていく。子どもがいたらそれでいいの」
そんなふうに言いきれる人もいて、そんなふうに言えるママはかっこいいとも思う。

だけど私は、
ひとりで生きていくより誰かと生きていきたい。

支え合えるパートナーがいてほしい。

この感情がゼロになる人間ではないことを、自分がよく知っているのです。

母として。女として。

2つの脳の自分が葛藤してはくたびれて、「欲張るな」とふたをする。

離婚してから3年ほど経った時。

はじめての一歩を踏み出させてくれる人との出逢いがありました。

「また会おう」

「『また』は難しい。子どもがいるから」

「子どもがいてもいいじゃん」

「え、子どもがいてもいいの？」

「なんでそんな言い方するの？」

「……ごめん」

謝ったら、謝ることを怒られました。

Q/恋とは？

A/追いかけて
追いかけられて
鬼ごっこ

Question & Answer
質問に答えましょ

Q／愛とは？

A／隠れてて探して見つけるかくれんぼ

恋はトキメキやドキドキで、愛はゆるし合うことって思ってる。男女は特に、時々、根っこの「愛」を忘れて、表面的な「恋」でケンカしたり、すれ違ったりするけど、奥の奥に隠れている「愛」を忘れずにいたいよね。

Love

愛に不安はつきまとうけれど

ひとりで向き合わなきゃコマを進められないんだと思っていた私に、４人で過ごす時間を当たり前にしてくれた人。

無理矢理ではなくマイペースに、子どもたちとの笑顔を増やしていってくれました。

過去ごとまるごと私を尊重してくれました。

端《はた》から見れば「そんなの当たり前」に映ることでも、現実に生きる心はそんなにきれいに進まない。

勝手に繰り広げる私の葛藤をスポンジのように吸収し、泡のように軽くしてくれ、悔しさで流れる涙を、ため込んでいたぶんだけ流させてくれる。

これまで踏み出すことはできなかった一歩を、私はそこではじめて前に出すことができたんだと思います。


「親のくせに」「子どもがかわいそう」「結局自分でしょ」

届く言葉は数知れず。

私はシングルマザーと呼ばれる人間だから。報道を重ねてきた人間だから。

どこかでそう諦《あきら》めつつも、悲しくて、悔しくて、投げ出したくもなる。


でも、私はそんななかでも決めたんです。

親だけど私は恋愛をする。

子どもたちがかわいそうにならないための選択をする。

大切な人を大切にするために自分を大切にする。


「自分の人生だから自分で決める」なんて言えたら、どれだけラクだろう。

私の人生は子どもを産んだ人生。

それでも幸せを感じたい欲張りな人生。

だからこそ、終わりのない自問自答は繰り返されます。

相手が誰だとしても、始まりがいつだとしても、想像以上な障害物レースのスタートを切るようなもの。


私が歩き出した道は、私が弱くなれる道です。

私が選んだ道は、私をゆるし、褒めてくれる道です。


この道の先は自分でもわかりません。はじめて歩く道だから。

それでもいいと思えたことが、とても貴重で、ただありがたいのです。

生《なま》半《はん》可《か》な気持ちじゃ踏み出せない一歩を悔やまぬように、私は自分に胸を張っていたいのです。

泣けたから。笑えたから。願えたから。

まだ生きる今の命があるうちは、女としての欲も埋めながら進みたがることも、
どうかゆるしてほしいと思っています。

Question & Answer
質問に答えましょ

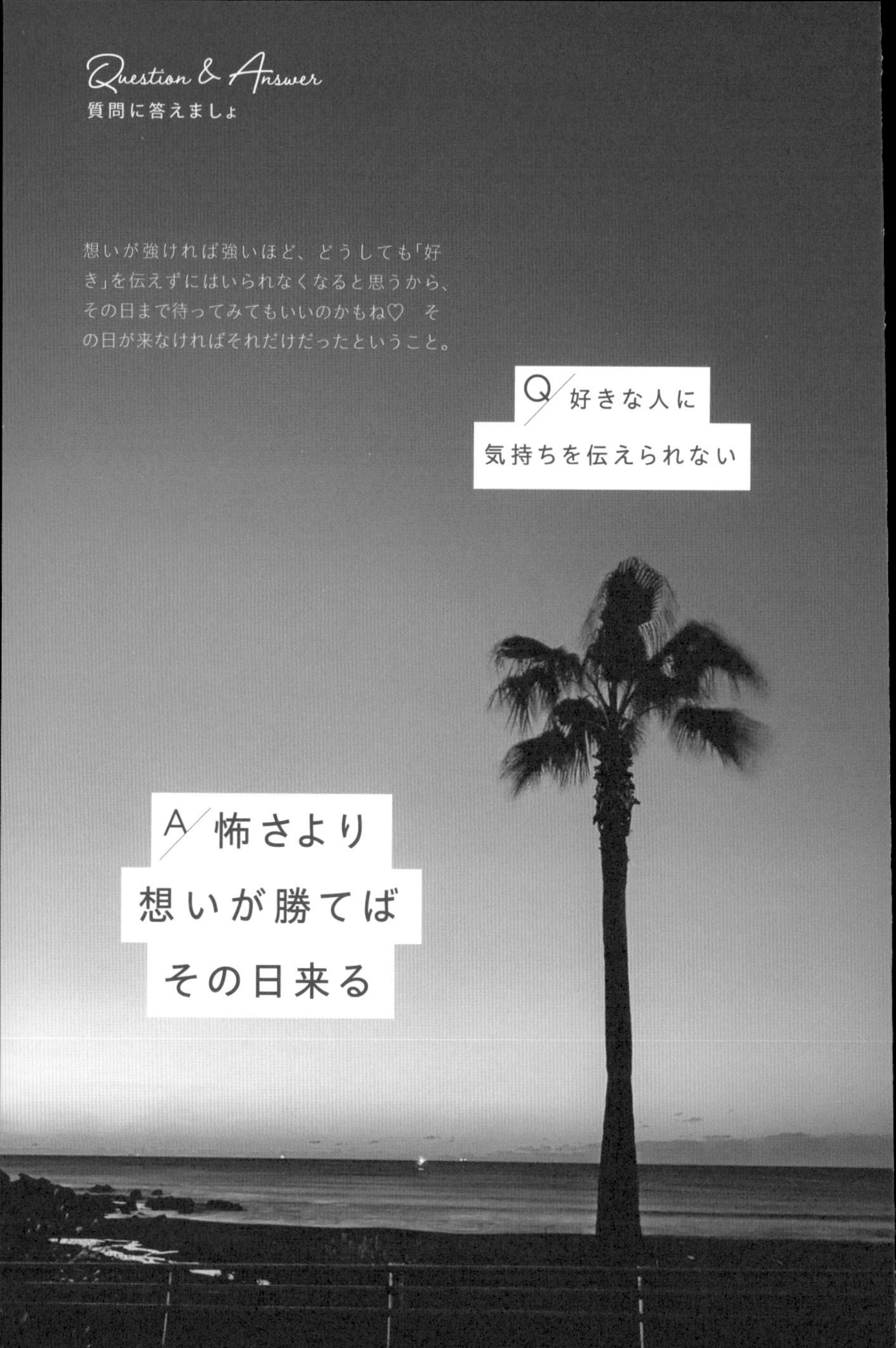

Q/ 好きな人に気持ちを伝えられない

A/ 怖さより想いが勝てばその日来る

想いが強ければ強いほど、どうしても「好き」を伝えずにはいられなくなると思うから、その日まで待ってみてもいいのかもね♡　その日が来なければそれだけだったということ。

「ポイントカード」をためて息抜きをする

離婚してからというもの、「シングルマザーってつらくないですか？」「シングルマザーとして大変なことって何ですか？」って聞かれることが増えました。
そのたびに、少しずつ積み重なる「シングルマザー」という言葉の違和感。

妊娠はひとりではできないし、お母さんはひとり、お父さんはひとり。

結婚していた時にお母さんのことを「ダブルマザー」と呼んでいたわけではないのに、離婚して子育てをしているお母さんには「シングルマザー」という呼び名がつけられる。

ますます「孤独」で「ひとりぼっち」であることを突きつけられるような言葉。

私もこの東京で「シングルマザー」と呼ばれるようになり、近くに親はおらず、朝昼夜不規則で、地方の仕事も入ってくると、3人のルーティンをひとつの脳で考えるだけでいっぱいいっぱい。

自分で産んだからには簡単に人に甘えるべきではないって思う性格ゆえ、泣いている暇はない、笑ってこの子たちが過ごせるよう全力で前進するのみ。

だから、日々頑張ったぶん「ポイントカード」をためてためて、「ほんとうに息抜きがしたい」っていうタイミングでそのポイントを使って、子どもを預けられる時に、母親業を休ませてもらう。その願いを、自分で叶えてあげるようにしています。

「シングルマザーは子どものことだけを考えるべき」「シングルマザーは再婚を考えるべきじゃない」。そんな声が無責任に世間を飛び交いがちだけど、知らない誰かに心配されるよりよっぽど私たちは子どもたちのことをいちばんに考えてる。

そのうえで、恋をし、自分を癒し、息抜きをする時間は、「シングルマザー」に寛容であってほしいと願います。

Q/彼を信じるって どうしたらいい？

A/どうするか それより大事 どうしたい？

どうしたいのか、それをいちばん知っているのは自分。彼に対するフィーリングでどうすべきか、自分の気持ちの中にあるよ、きっと。

面と向かうと伝えられないこととか、すれ違っちゃうこととかあるけど、素直な気持ちを手紙にすると、声で届けるよりもやさしく伝わると思うの。だから、手紙は大切。

Q／彼とケンカした

A／書きんしゃい　素直な気持ちを　届けんしゃい

Love

別れのあとに残るのは感謝

恋愛が心のよりどころだった20代は、仕事がつらいぶん、当時付き合っていた人と過ごす時間が唯一自分に戻れる時間だったようにも思います。

私はどこか期待される自分になろうとするところがあって、テレビに出れば演者として求められる自分を出そうとするし、チビーズの前では良き母親であろうとする。

どれも全部ほんとうの自分なんだけど、でも、心の根っこの部分ではすごく甘えんぼうで、そういう自分をさらけ出せるのは恋愛相手だけなんです、きっと。

だからこそ、**恋愛における「別れ」は、自分の居場所を失うようなもの。**

そこにはたくさんの葛藤があるけど、でも、相手が私を選択してくれていない状況のほうが怖くなってしまうから、そこは自分に言い聞かせる。

相手がここにいたい、私のそばにいたいと思っていないのに、一緒にいるほうがよっぽど怖い。そういう臆病さが私にはあるんです。だから、

「つらいのは、私の中で大好きになってしまう人に出逢えたから。

私の居場所ができるんだなって思ってしまったから。

期待しすぎてしまったから。

でも、だいじょうぶだいじょうぶ。

私はそもそもひとりだったじゃん。彼と出逢う前の状態に戻るだけ」

終わる恋に執着するよりも、出逢えた恋に感謝をしていたい。

大好きだった人が、幸せであろうとする選択をする時、これからの未来、その人には笑っていてほしいというのがいちばんの願いだから。

それはもう、お人よしとかではなく、私の性質なんだと思うのです。

Q/ キープ女から脱出するには?

A/ 出たければ行かない選択すればいい

呼ばれたからって、二つ返事で出ていかないってことが脱出の近道。

Question & Answer
質問に答えましょ

自分でその選択をしたからには、結果を誰かのせいにしちゃダメかなって思うの。「好きだったのに」「信じていたのに」とベクトルを相手に向けるんじゃなくて、「好きになったのも自分」「信じたのも自分」。その覚悟があれば、後悔はしないんじゃないかな。

Q／実らぬ恋でも好きでいていいですか？

A／好きでいる覚悟もチョイスも自分次第

Love

恋愛のし方にはクセがある

過去の恋愛を振り返ってみて思うのは、恋愛にはクセがあるということ。

好きになる人も、好きになってくれる人も、なんとなくそれぞれにあるクセ。


私がはじめて恋をしたのは幼稚園の頃。

好きになった男の子がピーターパン役をやることになったから、私はティンカーベルの役になりたかった。

女の子と遊ぶより男の子に混ざって遊ぶことが多かったくせに、好きな男の子の前では、借りてきた猫のようになっていたことを今でも覚えています。


それが私の恋愛のスタートラインで、以後、結局ほとんど変わっていない。

悲しいかな、変われてもいない。

男友だちと過ごすなかでは1ミリも恋愛感情が生まれず、恋をする相手とは直感的に「仲間」にはなれない。

感じたまま好きになり、強さが縮んでどんどん弱くなっていく。

「茉希は友だち感覚で過ごせる人がいいんじゃない？」

そんなアドバイスにのっかって、友だち感覚で付き合ってみたこともある。

案の定サラッと終わりを迎え、また笑い合える距離に戻る。そんなポップな確認作業をしたこともありました。

私の場合は、「友だち」は永遠に「友だち」。大事な仲間以上にはならない。

小学校で長い片思いをし、中学校ではじめての彼氏ができて、高校で青春ど真ん中な恋をしたものの、浮気をされ、裏切られ、恋愛に臆病になった。

10代の恋愛遍歴《へんれき》は、人生の恋愛の価値観に大きく影響する。

過去を振り返ると、そう思ってしまうのは……私だけなのでしょうか。

甘えたな自分。泣き虫、寂しがり屋、臆病な私。
女性と呼ばれる年齢になっても、幼い女の子のような自分が出てきてしまうことを、恥ずかしながらも認めるしかない。

裏切られた経験があるぶん、無駄な嗅覚を身につける。
闘うくらいなら自分がいなくなったほうがいい。
責めるくらいならそこから離れるほうがいい。
傷つくよりも先に、向き合うことからすらも逃げ出しそうになるクセが装備された。

それでも、私は恋をしたい。愛がほしい。

それもまた、私が付き合っていかなければならない、恋愛のクセなんだろうなと思うのです。

Q／好きな人を忘れる方法は？

A／忘れない 大事に刻んで 感謝する

私は忘れないタイプ。「好きな人がこの人だった」っていう素敵な記憶を失う必要性を感じないから、忘れようともしない。穏やかに記憶していたい。

Love

ブレない味方

家族に愛されすぎてきた。

きょうだい会議をするたびに出てくる西山3きょうだいの共通ワード。

私には兄と弟がいて、東京に出てきた時には兄と住んでいたし、ひとり暮らしをするようになってからも、同じマンションに住んだりしていました。

何かあればすぐにきょうだいに相談をし、会議を開く。

それが私たちのスタイルです。

でも、家族が想い合うからこそ、うまく歯車が回らないこともあって、社会に出て経験とともに勝手にできてきたそれぞれのモノサシで、お互いの幸せを計っては、つまずいてもきました。

思いやりの方程式は、たとえきょうだいであっても全然違うのだと知り、そのたびに見つめ直してはお互いの幸せの答えを探し合う。
そんな3きょうだいです。

母のお腹で育ててもらわなかったら、
私たちの今はない。
ミルクをもらわなかったら、
私たちの今はない。

どれだけ孤独を感じても、
私たちを、愛を持って必死に生かそうとしてくれた存在があること、
そのおかげで今があることを忘れてはいけない。

それが私たちの原点でもあります。

私は愛が好きな人間で、
愛を感じて生きていたい。
わがままに愛されようとするのではなく、
わがままに愛せる人でありたい。

いまだに迷子にもなるし、壁にもぶつかる。
それでも自分を変えないのは、不変な愛をくれるブレない味方、家族への感謝と誇りなのかもしれません。

いつ終わるかわからない一度の人生。
どうせなら愛して生き、愛して逝きたい。

Q/結婚とは？

A/言えるほど
簡単だったら
まだ既婚

私がここでひと言で言えるほど簡単だったら、
私の結婚生活、まだ続いてましたよね(笑)。

Love

母の教え

ひとつの物事を７つの角度から見られるようになりなさい。

私が母からずっと教えられてきた言葉で、私の根幹にある考えでもあります。ひとつの面だけを見るとずーんと落ち込んでしまうことも、別の面から見たらポジティブに捉えることができる。

嫌いより、好きを見つける。
苦手より、得意を見つける。
暗いより、明るいを見つける。
そんなふうに、ころころと見方を変えられたら、柔軟に生きる強さを身につけられる。

もうひとつ、母から教えてもらったこと。
私が泣いて泣いて東京の生活に傷ついていた時、母はこう言いました。

泣くなら、太陽がいる時間に泣いて悩みなさい。
夜に泣いたって、夜に悩んだって光は見えないんだから。

夜にハマると泥沼。そうわかっていても、子どもたちが寝静まると泣いてしまったり、悩みごとがむくむくと湧き上がってきちゃったりするんだけど、でも、この言葉を思い出すと「うん、そうだった」と気持ちが切り替えられるから不思議。

そんな母の愛を受け継ぎ、私がそれをチビーズに伝えていく。
私はまるで「ドラえもん」のようだったおばあちゃんのことをとても尊敬していて、それは私が尊敬する母を育ててくれたからでもあるのだけど、懐《ふところ》の深い、どんな時でも愛を出せる祖母や母のような存在であり続けたいと思います。

Chapter 3

怒るのは悲しいから、泣くのはうれしいから

Emotions

笑い飛ばせば終えられる

西山茉希ってイタい。

そんなことを言われても、私が笑っていたいのは、笑い飛ばせたら感じ方が変わるって思っているから。

何かが起こっても、遊べたもん勝ちで、笑い飛ばせたら通り過ぎることができる。

たとえば、ゴキブリが目の前に突然現れたら、みんな「ヒャアッ!!」てなるでしょ?(笑)

あんなに体がちっちゃくて、人間のほうがよっぽど体が大きいのに。

そんなちっちゃなゴキブリを、動いてすらいないのに、目撃した瞬間、こっちの体がめっちゃ変な動きをする。

もだえてもだえて、大人たちが体をよじりながら大騒ぎ。

でも、ゴキブリを退治して、目の前からゴキブリがいなくなったら、「あれ？めっちゃ変な動きしてなかった？」って冷静になって大笑い。

そのくらい人間はちっちゃなことにも向き合いすぎて、でも、ふと我に返るとそんなにムキになることでもなかったな……って笑える能力を持っている。

何か不快に感じることが起こったり、言われたりすると、体が瞬間的に、反射的に拒否してしまったりするんだけど、冷静になると笑えることっていっぱいあると思うんです。

もちろん、私も、変なことを言われたり、傷つく出来事が起こったら、

瞬間的には凹《へこ》むし、悩むし、落ち込む。

泣くし、目が腫れる。

でも、最後は笑っていたい。

笑い飛ばして終わりたい。

ただ、そう思えるようになったのは最近なのかもしれません。

『ＣａｎＣａｍ』時代、西山茉希には「小悪魔マッキーＯＬ」というキャラクターが生まれ、「こんな笑顔がマッキーです」「ピッカピカの笑顔をお願いします」と、カメラの前に立つと笑う日々が続いていました。

何に対して笑うのかどんどんわからなくなっていき、つくり笑いをするようにもなり、ほんとうの笑い方を見失っている時期もありました。

葛藤すればするほど迷子になり、涙しか出てこない。でも、次の日も撮影だから、泣いてなんていられない。笑わなくちゃ。

華やかな誌面をつくる一方で、プライベートではまったく笑えなくなっていきました。

もしあの頃の自分に今、声をかけることができるなら、「だいじょうぶだよ」って言ってあげたい。

10年後のあなたは、相変わらず泣き虫なままだけど、何があっても笑い飛ばせるほどのしなやかさは手に入れてるから、って。

Q／人生一度きり！ スマイル何円？

A／スマイルにお金取ったらマック泣く

私のスマイルにお金取ったら、タダでくれてるマクドナルドさんに怒られちゃう!!

怒りの下にある感情を見つける

何度も書いてきたけど、私はとっても泣き虫で、年々ひどくなっているような気がします。

人の感情というものは「喜怒哀楽《きどあいらく》」の4つのどれか近いものになっていて、喜びか、怒りか、哀しいか、楽しいのか、その4つ。

そのなかで、私の場合、「怒り」に関してはあまりなくって、**「怒り」を感じたとしても、その感情の奥の奥を掘り下げると、あるのは「哀しい」という感情。**

悲しかったり、何かに傷ついていたりすると、その表現として「怒り」を出してしまっているだけで、ほんとうは怒っているわけじゃなかったりするんです。

そうなると、真の感情は「喜哀楽」の3つ。私の場合、その3つのどれを感じても、涙になって出てきてしまうからやっかい。だから泣き虫。

うれしくても泣いちゃう。喜んでいても泣いちゃう。

悲しくても泣いちゃうし、傷ついても泣いてしまう。

楽しくても、感謝しても泣いちゃう。

それはもう付き合っていくしかない。

でも、「怒り」という感情が湧いてきたら、いつも自分に聞くんです。

「何が悲しいの？」「なんで寂しいの？」って、自分に確認してみる。

根っこにある「寂しさ」が埋まらなくって「悲しい」って思ったのを、「もういい！」って相手に怒っちゃったりすると、届くのは「怒り」。

でも、根っこにある「寂しい」って気持ちを伝えたら、きっと素直な気持ちが相手に届く。

今、自分は何を感じて「怒り」が出てきているのか、その下にある感情を整理したり、根っこにある理由を見つめ直す時間を持てたらいいよね。

Q/泣きたい

A/泣きんしゃい
泣いたら次は
笑いんしゃい

ずっとずっと泣き続けるのもきっと難しいから、泣いて泣いて泣いて泣いて泣いたら、最後は笑おう。気持ちがついてこなくても、笑ったら少しだけ元気になるから。

Question & Answer
質問に答えましょ

涙は流れないより流れたほうがいいと思う。だって、涙が流れるほどがむしゃらに頑張っているっていう証拠だから。涙が流れるほど耐えている経験は、絶対に無駄じゃないよ。

Q/ 看護師1年目です。
いろいろとしんどくて、
何もしてなくても泣いてしまいます

A/ その涙
強さに変わって
身となるよ

Emotions

闘わない

「怒り」という感情を持つことが苦手な私は、闘うことがへたくそ。

だから、闘わない。闘うことのほうが悲しくなっちゃうから。

どうしても闘うべきという時がきても、それでも、闘うんじゃなくて伝えようとしてみると思う。


私の性格として「負けず嫌い」ということは前述したとおりで、中学時代から運動部で勝ち負けという世界にいて、そういう意味では闘いをしてきて今があります。

でも、大人になる過程でいろいろな経験を経て、**「闘わない勝ち方がある」**ということを、私なりに知ったんだと思うんです。


人間関係は試合じゃないし、競い合って、どっちが勝ちか、どっちが正しいか、を決めているわけじゃない。自分が着地できていればよし。人からどう思われてもそれがいちばんブレない生き方なんだろうなって腑《ふ》に落ちているんです。

　でも、私のまわりには「闘いたくないのに闘っちゃう」と落ち込んでいる人たちもいっぱいいて、「なんで茉希は闘わないでいられるの？」って聞かれることもあったり。でも、そういう自分も受け入れちゃえばいいんじゃないかなって思う。「闘わないでおこう」と思ったのに、「闘っちゃった……」と凹んでいたら、自己否定をすることになってしまうから。

　私はこのくらいは闘うタイプなんだなって認められたら、じゃあ、闘ったあとの「あー、やらかした！」って思ってしまう感情を何で穏やかにすればいいかなって考えたらいいと思うんです。

「私はこのポイントで闘い始めちゃうんだな」って知ることができたら、そのポイントがきた時に「きたきたきた！」と思えるし、結果的にも「それはそれでよし。だってそれはどうしたって譲れないポイントだったもん」って思えたら、気持ちがラクになると思うから。

Q／しんどい時、つらい時、どうしてますか？

A／くだらない動きを無駄に取り入れる

スキップしてみるとか、無駄なポーズをしてみるとか、意識を散らすのが、つらさを吹き飛ばす私のやり方。大きなため息をつきながらも、タイタニックのポーズとかしてみると、なんか笑えてくるよ。

Q/メンタル弱めです

A/弱さ知り 強がり覚えて 慣れてゆく

強がることで大人になってきたのが私。それがベストだとは思わないけど、メンタルの弱さを受け止めることで、揺れながらもしなやかに対応してこれたような気がする。強度はないけど、耐震性はあるような気がするんだ。

Emotions

ケンカしない

たくさん嫌なことは経験したし、誹謗中傷も届くし、反論したいなって思うことはあるんだけど、それに関して闘おうとか、ケンカしようとかは一度も思ったことがありません。

悲しいし、つらいのだけど、**一回、自分の感情は置いて、俯《ふ》瞰《かん》して考えてみる。**

あの人は私の何に怒っているんだろう。
どうしてそんなこと言われるんだろう。
本来、どうしたかったんだろう。
この人が私に伝えたいことは何だろう。

ひとつ空間をあけた場所から俯瞰して見ると、次にすべきことが見えてくる。

相手に何をわかってもらえなくてモヤモヤしていたのかがわかってくる。


本来の目的がわかったら、伝えられる相手には話し合いで伝える。

伝えられない相手には、目的を達成するために自分が折れればいい。

どっちかが下にいかなければバランスが取れない状況であるなら、私はすぐに下にいける。


人とぶつかる前に、まず自分の奥にあるモヤモヤとぶつかると、次の解決先が見えてくることがある。

だから、私は、モヤモヤしたらちょっと自分と向き合う時間をもらう。

私のモヤモヤがどこからきているモヤモヤなのか、ひとりになって掘り下げる時間をもらう。


そうすると、わりとぶつからずに、まっすぐ、行きたい道を歩いていけるような気がするから。

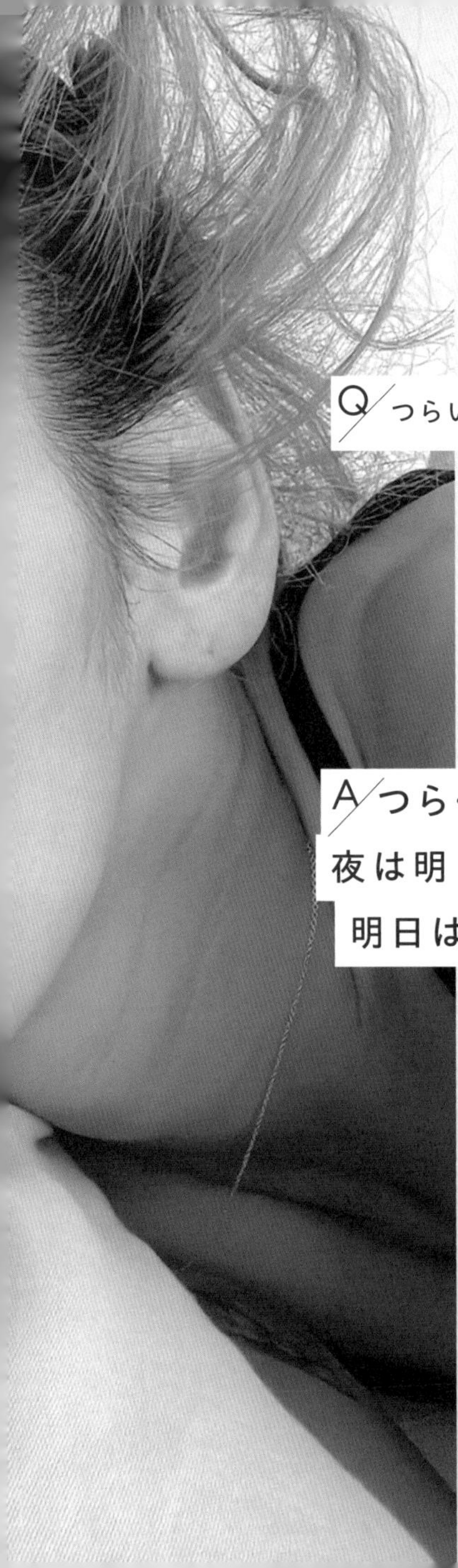

Q／つらい時、どうしたらいい？

A／つらくても夜は明けるし明日は来る

つらいと感じている根っこの根っこに何があるのかなっていうのを、自分で感じてあげて、時間がかかってもいいし、焦らなくてもいいけど、そこを解消するために何ができるのかを立ち止まって考える。

A／とにかく眠れば
ケセラセラかな

A／どうするも
こうすることも
停止する

A／感じる根っこ
見つめて進む

Emotions

嫌いな人はいない

たまに考えるんだけど、嫌いな人ってあまりいないんです。

でも、怖いなって思う人はいっぱいいる。この人と一緒にいたらびくびくしちゃうだろうなって思う人はいるけど、でも普段生活する場所にはいないから、頭に浮かばないで過ごせています。

たまに「あの人とは縁を切ったほうがいいよ」って忠告されることもあるんだけど、嫌えないのに「切る」とかできないし、そもそも人との縁に「切る」という言葉を使いたくない。

どんな人でも、**せっかく一回の人生でつながったわけだから、縁を切らなくても、お互いが心地いい場所で過ごせていればいい**んじゃない？って思うんです。

私の中には人付き合いにグラデーションがあって、深い・浅いはあります。特別気が合ったり、魂レベルで理解し合える人はいる。でも、まわりにいる人たちを「全部いい色だね」って思いたいから、だから怖いなって思う人はいても、嫌いな人っていないんだろうなって思うんです。

それって、私がいい人だからでもなんでもなくて、きっと私が嫌われることに怖がりだからなんです。嫌われることに臆病なぶん、出逢った人たちのことは好きでいたいって思っています。人間関係は「鏡の法則」だと思っているから。

好かれたいなら、相手の好きな部分を見つけたり、「好き」って思っておしゃべりしないと相手に伝わるもの。「苦手だなー」と思ってしゃべっている時の空気ってやっぱりわかってしまう。

だから、私は初対面の相手にこそ、気持ちよくおしゃべりしてもらうよう、話せる喜びをそのまま届けたい。

Q/仕事が忙しくて体力が追いつかない

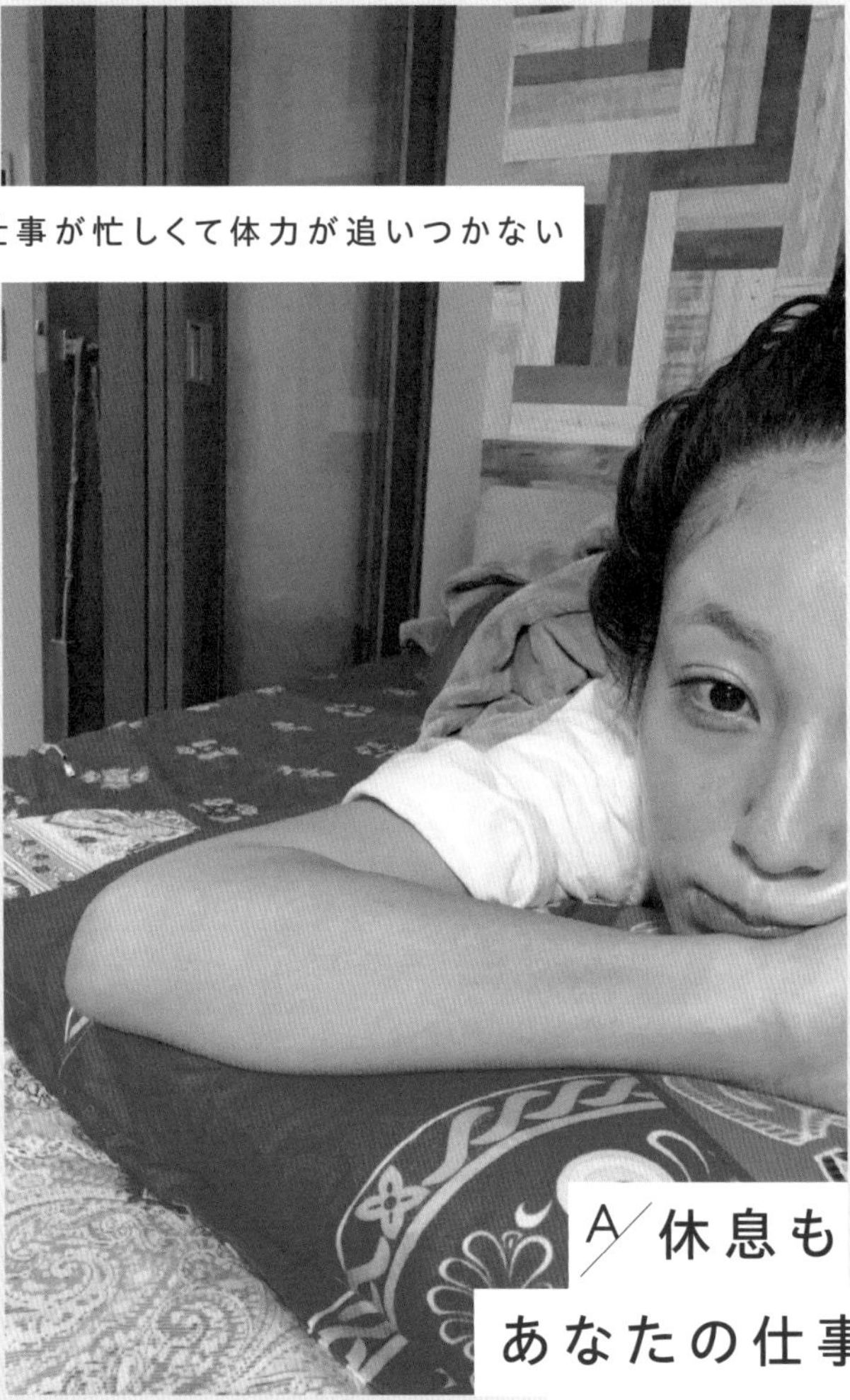

A/休息も あなたの仕事の ひとつです

明日の仕事を効率よく、気持ちよくするためにも、「休む」ことも仕事にしないと、全部がうまくいかなくなっちゃうよ。休も休も♪

Question & Answer
質問に答えましょ

私は、パワーをもらいたい時は、海とか、お日さまとか、満月とか、自然を求めに自ら出かけていく。待ってても元気にならない時は、パワーをもらえる場所に出かけるのがいちばん！

Q／仕事がつらいです

A／元気玉
待ってこなけりゃ
生めばよし

Emotions

ネガティブを極める

「自己肯定感」を高めなきゃ……っていう風潮があるなかで、自分を肯定することがしんどいって感じている人も多いんじゃないかなって思うんです。

私の場合は、昔よりそのコントロールができるようになったかなって思うけど、基本的には何が自分の自信になるのかわからないまま今も生きていて、でも、そういう自分も自分なんだからしょうがない、って思えるようになりました。

自分を肯定できない時に、無理に「肯定しなきゃ」って焦る自分を残しながらメンタルががくんと落ちると、もうどんどんドツボにハマっていってしまう。

もっとしんどくなってしまうから、だからそういう時は、**あえて一緒にネガティブな方向にちょっと自分を落としてあげる。**

「今、自分のことを肯定できる感じじゃないけど、いいよね。
元気な感じじゃなくてもいいよね。

ゆっくりと走っていって、また高まっていたら、それはそれでいいしね」って。


だから、メンタルが落ち気味な時はひとりで過ごすことが多いかな。

ひとりでいたら、メンタルが不安定で上がったり下がったりしても、自分さえ理解していたら誰にも迷惑をかけないでいられるから。

私は、自分の感情が整理できないと、散らかりっぱなしになっちゃうタイプなんだと思います。


こないだ、インスタライブをやっていたら、「人間が信じられません」「どうしよう、茉希ちゃん。人が信じられないよ」「どうしたらポジティブになれる?」ってコメントが流れてきました。

その時、私は「ポジティブになるんじゃなくて、ネガティブを極めたほうがいいんじゃない?」って答えました。

ネガティブだと感じるもっと下の自分を知ることで、もう下がりきってもここなんだなって感じきれたら、ゆっくりまた何かをきっかけに上がるかもしれない。

人のことを信じられなかったら、無理して信じようとしてもつらさが増すだけ。信じられる時がくるまで信じなくていいし、信じられないんだから仕方ないじゃん、って。

逆にいかなきゃ、逆にいかなきゃって思うから苦しくなってしまう。

ネガティブになることで人や自分を傷つけることは絶対よくないけど、自分は今ネガティブなんだよねって受け止めることは悪いことじゃない。

ネガティブな自分も愛して、ゆるし、その時がくるまでゆるりと待つ。

最後、ネガティブを吐き出し合った時に起こる笑いのほうが、「振り返らないネガティブ」になれそうな気もするんです。

Question & Answer
質問に答えましょ

Q／年子妊娠中。
「早すぎる」とか
「かわいそう」と言われて悲しい。
一理あるけど、私はうれしいのになあ

A／かわいそう
浅はかな言葉が
かわいそう

自分がうれしかったら、それがいちばんハッピーなこと。傷つく言葉に反応しなくてもだいじょうぶ。

Emotions

先入観を外すと感情が迷子にならない

世間の常識に自分を当てはめようとすると、どうしても苦しくなっちゃう時がある。

自分自身の感情を一回脇に置いて、世間や外の景色に溶け込もうとしちゃうと、それは自分じゃないから迷子になっちゃう。

長女を出産した時、はじめてのことばかりでてんやわんやになっていた私は、気持ちに余裕もなくて、授乳は3時間おきで、夜泣きもあるから眠れない。夜なのに起きなきゃってそのたびに起きて、だんだん「なんで私だけ起きなきゃいけないの?」って気持ちにもなっていきました。

一方で、そういう感情を抱いてしまう自分が、まるで子どもの存在を否定しているみたいで、自己嫌悪に陥《おちい》ってしまう。

でも、寝たい。でも母親もちゃんとやりたい。

そんなふうに感情が迷子になったことがありました。

その時思ったんです。

私は普通の生活をする人間だと思うからつらいんだな、って。

夜行性の動物だと思えばいい、と。

ふざけているような言葉でも、そう思ったら、救われました。

ほんとうにそう考えた。

自分は人間で夜寝るのが当たり前だという先入観があるから苦しくなっちゃうんだ、って。

夜行性の動物なら、むしろ今起きている時間だし。もっと言えば、ブラジルの人は地球の反対側で起きている時間。たまたまここが暗いだけなんだな、とか。

先入観を外す作業はちょっとバカバカしく感じるけど、そんなふうに自分をどんどん演じていくと楽しめるようになっていくのでおすすめです。

Q/頭ではわかっているけど、心が追いつかない時はどうしてる？

A/頭より心が喜ぶ場所に行く

私の心が喜ぶ所は銭湯(笑)。ひとりになれる、お風呂の種類がいろいろある、２時間でエネルギーチャージができる、しかも500円。500円で私をこんなに元気にしてくれる場所があるって、ありがたいしかない。

Q/ 自分を理解してくれないとふさぎ込んで、相手と距離をとってしまうクセを直したい

A/ ぶつかって傷つけ合うよりよくなーい？

「ふさぎ込む」ことをネガティブに捉えなくてもいいんじゃないかなって思うの。感情的になってぶつかって傷つけ合うタイプの人もいるけど、ふさぎ込んで一度冷静になれる人のほうが、結果的にうまくいくことのほうが多そうだなーって。

自分のモノサシは持たない

自分のモノサシってあくまで自分のモノサシでしかなく、みんなと同じではないなって思うんです。

価値観だったり、意思だったり、正義だったり……ってそれぞれが持っているべきものだと思うんだけど、それを計ろうとするモノサシは、いろんなところで邪魔になってしまうから、私は持たないでいたい。

結婚していた頃、私は彼によくこう言ってしまっていました。

「普通そうやるじゃん」

「普通こうじゃん」って。

そしたら、彼がこう返してきたんです。

「普通って言うけど、普通って何？」

「普通がわからないんだけど」って。

それを聞いた時にはっとしました。
育ってきた環境も違うし、価値観も違う。
それなのに私は私の「普通」を彼に押しつけようとしていたんだなって学べたんです。

自分の経験、自分の環境で得てきたものを「普通」って思って言っちゃっていたけど、その「普通」は私だけのもの。
だから、私がして欲しかったこと、2人でこうしようと決めたかったことは、「普通」なんて2文字にしないで、ちゃんと話さなかったら伝わらないよね、って。

その時から私は、自分のモノサシを持つことをやめました。
自分のモノサシがあると、勝手に相手のことを決めつけてしまう。

勝手にその行動の先の答えまで想定してしまう。
そして、それが叶わなかった時、勝手に凹んで、勝手に落ち込んで、勝手に責めてしまう。

自分のモノサシがなかったら、相手のことを決めつけずにいられる。
どんな答えを持っているか、想像せずにいられる。

何が起こるかわからないって思っていられると、柔軟に対応できる。

誰かに対して「なんで?」って感じてしまう時、相手ではなく、そう感じてしまった自分の心をゆっくりときほぐしてあげるのも、大事なんじゃないかなって思うんです。

Question & Answer
質問に答えましょ

Q/仕事で悔し泣きをしてしまいました。
自己嫌悪に陥ることはありますか?

A/悔し泣き
心で闘う
アナタ好き

悔し泣きをするほど賢明にやっていることがあるんだから、それだけで素晴らしいと思うよ。

Emotions

誰かのせいにしなければ後悔は生まれない

人生って、大きなことから小さなことまでたくさんの「選択」の連続でできていて、今日着る服、食べるもの、見るもの、買うものといった日常のことから、転職するかしないか、結婚するかしないか、離婚するかしないかといった人生を左右する大きなものまでさまざま。

選択をした結果、日々「今日はいい日だった」とか、「もっとこうすればよかった」とか思いながらチューニングし、明日もまた選択をする。

そんなふうに日々進んでいるのが私たちで、当然そこには反省や後悔がつきもの。

ただ、どんなに悔やんでも、反省しても、「選択したのは自分」「この結果を導いたのは自分」ということがきちんと腑に落ちていたら、そこには「後悔」は生まれないんじゃないかな。

選択したその時、逃げずにいちばんの本心を感じてあげれば、その時の選択は、後々きつくってもしんどくっても絶対「後悔」にならないんじゃないかな。
だって、「選んだの自分だし」って思えるから。

私は絶対誰かのせいにして生きたくないし、何かしんどいことがあった時に、「全部自分で選んだんだよね」って思って生きたいから、結果的にうまくいかなくても、「そうそう、これを選んだのは自分」って確認してる。

事務所トラブルの時も、夜逃げ同然でなくなっちゃった事務所と一緒に芸能界から消える選択をすることだってできたけど、私は直感的に「それは嫌だ」と思えました。消えるなら私は私と消えなきゃ、って。
人のせいにしない選択をしようって思って行動に移した結果、私は今ここにいます。

「今の私」は、過去の選択の積み重ねの産物。

そんな「今の私」を「誰かのせい」にして生きるなんておかしいでしょ？

何個も先のコマのことを考えると動けなくなっちゃうことだってあるけど、「いちばん手前のこのコマをどうする？」って視点でひとつ選んで、まずは動く。

動きながら悩む、悩みながら動く、そういう方法だって前へは進める。

選択する一歩が怖くて、その勇気が出てくる自分を待たなきゃいけないこともあります。窮《きゅう》地《ち》に立たされなければ出てこない本心の選択だってある。

そんな「選択するタイミング」を選択するのも自分。

どんな結果も、どんな失敗も、なるべくしてこうなったと納得して、次の選択に自信を持てる自分でありたい。

Q／素直に
うれしい気持ちを
伝える方法は？

A／頭より
心弾めば
伝わるよ

伝えようとしなくても、心で「うれしい！」と思っていたら、全身からその気持ちが伝わるよ、きっと。

信じるのは自己責任

自分が信じた相手は誠実であれ、って思うけど、疑い始めたらキリがない。

ずっと一緒に生きてきたわけじゃないし、大人になれば、人には言いたくない過去のひとつやふたつ、きっとある。


嘘とか、裏切りに見えるものは、もちろん悪意あるものだってあるけど、愛ゆえのものだってあって。

信頼するってものすごく難しいことだと思うのだけど、でも、私は**「信頼したのは自分」**ということを忘れちゃいけないんだと思うんです。


「なんであの時、何も言ってくれなかったの?」

「知っていたのに言わないなんて、それって嘘ってことだよね」

嘘つくことになるから、黙っていた嘘だってきっとある。

「信じていたのに……」

「信じなければよかった」

そんな言葉を言いたくなることもあるけど、でも、それって本来すごく身勝手な言葉で、信じたのは自分、信頼しようと思ったのは自分。

嘘つかれたから、裏切られたから、って反応するのはいいのだけど、その感情を動かしているのも自分。

信頼を傷つけられたくなかったら、裏切られたくなかったら、「誰のことも信じない」という選択を自分がすればいいだけなんだよね。

それをしていないんだから、相手を責めちゃダメだよねって、私は思うんです。

信頼は自己責任。

交通事故と一緒で10対0はないよねって。

Q／やる気スイッチどこにある？

A／多分ないなくてもなんとかやってきた

「やる気スイッチ」を探すとしんどくない？ だって、体のどこにもそんな「スイッチ」ない（笑）。そういう言葉があるから探そうとしちゃうけど、でも、もともとそんなスイッチないって思ったら、諦めがつく。私の場合、諦めがついたら、気持ちがラクになる。やりたいことは「スイッチ」なんかなくても体が先に動いちゃってる、そういうものなんじゃないかな。

Q/ ネガティブでゼロになった時、どーしたらいい？

A/ もがくより ゼロな自分を 抱きしめて

A/ ゆっくりと イチになる時 待ってみる

その時の自分をそのまま受け止めてあげたらいいじゃない♪　今の自分じゃない自分になろうとするのは、自分がかわいそう。

Emotions

頑張れない時は手放してゆるしちゃう

「頑張れ！」って言われたり、「頑張らなくてもだいじょうぶ」って言われたり、
今の時代はとっても忙しい。

頑張っても涙は出るし、
頑張らなくても涙が出る。

自分を愛せていなかったら、自分をゆるせていなかったら、何をやっても、何をやらなくても、最後は悲しくなっちゃうんじゃないかなって、思う。

だから、頑張れない時は誰かの声援や手助けを待つんじゃなくて、頑張れても頑張れなくてもありのままの自分を受け入れることが大切なんじゃないかなって。

誰かに認めてもらう生き方よりも、
自分を認めてあげる生き方を。

他人よりも自分を。

「頑張れない」と涙が出てくるのは、これまで頑張ってきた証拠。

私はもうこれ以上頑張れないなーって思った時は、頑張れない自分をひっくるめて「オールＯＫ！」にしちゃいたい。
いつかちゃんと巻き返す、頑張れる時に取り戻す。
だから、今の私は頑張れなくても全然ＯＫ。

「頑張れないを抜け出せない」というその思いを、手放しちゃうんです。

Q/イライラどーやったらなくなりますか？

A/なくならん
受け止め咀嚼《そしゃく》し
また笑う

イライラっていう感情の正体はイライラじゃないと思うから、「なんでこんなにイライラしているんだろう」って、イライラの根っこの部分に何があるかを考えて、それを受け止める。根っこがわかれば、自分はどうしたいのかが見えて、きっと笑顔が戻ってくる。

Question & Answer
質問に答えましょ

Q どうすればイライラせずに過ごせますか？仕事に家庭にイライラしすぎちゃう

A イラの素偽物旨味でクセとなる

イライラって中毒性があるから、根っこの部分を解消しない限り、ずっとイライラすることになっちゃう。クセになって抜け出せなくなっちゃうだけだと思うんだ。

Emotions

私をごきげんにしてくれる掛け算

ジェットバス10分×水風呂3分。
柿の種2粒×ピーナッツ半粒。
本搾りグレープフルーツ×季節の9%ハーフ&ハーフ。
その日着たいコーディネート×ゆるめのおだんご頭。
コンビニのホットスナック×すじこのおにぎり。
仕事の入り時間×アイスコーヒー。

私をごきげんにしてくれる、良い塩梅《あんばい》の組み合わせ。

前世は魚だったんじゃないかなってくらい水の中が好きな私は、銭湯に行って顔馴染みの常連さんたちと話すのが最高に癒しの時間。なかでも、ジェットバスと水風呂の組み合わせで命の洗濯ができる。

お酒も私は大事。その日の気分でミックスしたチューハイを飲むと、1日のご褒美のように心身に沁みわたる。酒の肴《さかな》に柿の種2粒、ピーナッツ半粒の割合が最高においしいこと、誰かに伝わるかな。

いい日もあれば、落ち込む日もある。
メンタルずーっとフラットでなんていられない。

そんな時のために、**自分を良い塩梅にしてくれるアイテムや方法を日常の中に見つけておけば、凹んだ時に大至急で手当てすることができる**でしょ?

なんとなーく心地よくなる感じ。
そういう積み重ねが、日々の私を幸せに導いてくれているんじゃないかな。

Chapter 4

幸せは見つけ方次第、考え方ひとつ

Happiness

「死にたい」と思うこと

37年生きてきた私の人生のどん底は、すでに書いた2017年の事務所問題の報道、大バッシングを受けたあの時でした。

憶測で書かれた真実ではない記事。「悪者」として世に放り出され、誰が味方かもわからず、誰にも話せず、フルスピードで起こる出来事に、どんどん追いつかなくなっていく心。

自分の中には確かに「真実」があるのに、それをきちんと発言する権利はなく、仕事もなくなり、バッシングを受ける日々。それでも守らなければならない生活はあるのに、私には武器も、術《すべ》も、道もない。

つらいとか苦しいとか味わう暇もないほど、ただ地獄のような日々でした。何がいちばんつらいって、大切な家族や両親、きょうだいにまで迷惑をかけて、傷つけてしまうこと。「私が存在しているから、いけないのかな……」。気づいたらそんな負のループにハマっていってしまいました。

たぶん、私のようなことは起こらなくても、誰にでもあると思うんです。
あー、死んじゃいたいなって思うほどの傷を負ってしまうこと。

それは決して特別なことなんかじゃなくて、
日常の背中合わせの感情のひとつとして、
思うだけならタダな感情のひとつとして。
みんなそう思ってしまうことってあるんじゃないかなと思うんです。

私は、「感じる」ことをやめたくなりました。
「感じてしまう心」に疲れて、感じるものをなくしたくなりました。
ズルいかもしれないけど、もう消えたい、そう思いました。

Q/茉希ちゃんの幸せってなーに？

A/ありのまま隠さず甘える場所探し

そのままの自分を出しても受け止めてもらえて、心地よく過ごせる空間にいられたら幸せ。私自身は、ありのままで甘えるということがへたくそなのに、誰よりも甘えん坊。だから、それが叶ったらものすごく幸せを感じる。

「ありがとう」って言い合っている時って、幸せで満たされるでしょ。邪気のない、素直な言葉の交換。感謝を伝えられる、感情を伝えられる相手がいるって、支えてくれる人がいる幸せだなって思うんです。

Q/ 幸せと感じる時は？

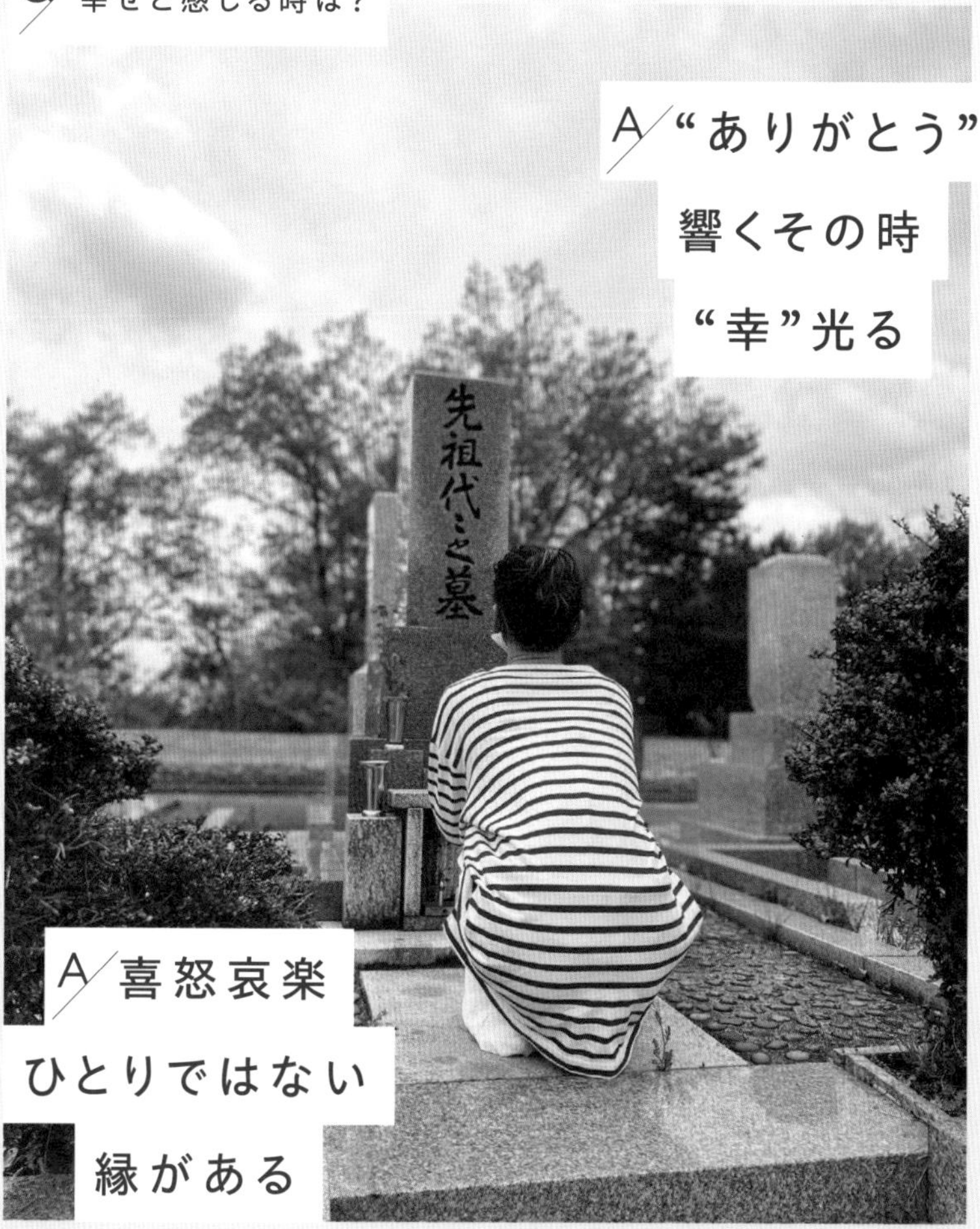

A/ “ありがとう”
響くその時
“幸”光る

A/ 喜怒哀楽
ひとりではない
縁がある

「生きたい」と思うこと

「死んじゃいたい」

そう感じる体をなくしたら、ラクになれるような気もして、いなくなりたいと思う時間。


「バカなことを考えるな」

「当たり前なことに感謝しろ」

「命を大切に」


わかる。わかる。すごくよくわかる。

でも、思ってしまうこと、思ってしまったことを、他人が否定しなくてもいいじゃない？

その時、その人は、どうしてもしんどいんだもん。
それでも、その人は、生きているんだもん。
今日も生きられているということは、
投げ出しそうな命をそれでも必死で守って生きられているということ。

褒めてあげたいよね、
今日の私も、
今日のあなたも。

「今の自分が好き」だと思えるようになった私は、当時の私に教えてあげたい。
あなたが頑張って生き続けたことで、その先の未来に、自分の人生を心から好きになった私がいるよ、って。
「生きたい」と思っている私がいるということ、を。

Q／生きるとは？

A／魂が体を借りた物語

今世は私の魂がこの体に入っているけど、来世は私の魂がまた別の体に入るんだろうなって、ほんとうに思ってるのね。通過点の今世だと思うから、生かさせてもらっている今をちゃんと自分のストーリーとして生ききりたい。

誰かのモノサシや世の中の声に振り回されるんじゃなくて、できるだけ俯瞰して見て、私は私の価値観で考えてみる。それが自分らしさだと思うから。

Q／自分らしく生きるにはどうすればいい？

A／世の中の
モノサシに
扱われるのではなく、
扱えるようになる。

Happiness

最期の選択をした友

新型コロナの感染の波が広まり始め、世間が混沌《こんとん》としているなか、私の大切な旧友が亡くなりました。彼は、自ら死を選択して旅立っていきました。

当たり前のことだけど、私が彼の死を知った時、彼はもうこの世から離れていました。

悲しむ人、怒る人、あきれる人、悔やむ人……。

人の死に対して、特に自死の場合、「悲しい」「寂しい」だけじゃない、いろんな感情が芽生えるものだと思います。

でも……。私はこう思いました。

望んで、選んで逝けたなら、最後に叶ってよかった。

命が失《な》くなった悲しみは、残された人間のもの。

だから、悲しみは悲しみとして受け止めて、それ以上の詮索《せんさく》や憶測で、これ以上わかりようもない彼のことを何か言いたくはありませんでした。

生きることより「死」を選んだ今のほうがラクになって笑えているのなら、あなたのその最期の選択はそれでよかったんだよ。

最期の選択を自分で選べたピリオドは幸せであれ、と。

Q/ 何を大切に生きていますか？

A/ 今日の日を生き合うために生きること

大切なことをひとつだけ挙げるのは難しいけど、生きていないと何も起きないから、今という時間を、一緒にいてくれる大切な人と、ちゃんと生き合うために生きてる。

Question & Answer
質問に答えましょ

Q/何もうまくいかない

A/生きている命はうまくいっている

起きたことは変えられない。それだけは揺るがない真実。決まっていることは変えられないんだから、だったら、どうせなら、笑い飛ばせたほうがよくない？　笑い飛ばせなかったとしてもだいじょうぶ。死んでない、生きているだけでうまくいってる。

Happiness

笑えているのなら

もちろん、一報を聞いた時は耳を疑ったし、頭が真っ白になったけれど、彼の性格や性分を知っているぶん、
彼の最後の最期の選択で後悔がなかったなら、
生きることのほうが彼にとってはしんどかったのなら、
「あーラクになった。死ぬのは悲しかったけど！」と思っているんだったら、
「それがあなたの答えでいいよね」って思いました。

どんなに生きたくても、病気で命の終わりを感じて苦しむ人がいる。
生きようとしていても、不慮《ふりょ》の事故で命を落とす人もいる。
死にたくても生かされて、もがき苦しむ人がいる。
本気で死にたくて死ねたなら、この世にいた時よりも笑えているんじゃないかな。

言葉にすると冷たいかもしれないし、誤解を生むかもしれないけれど、彼の幸せを心から願う私の本心でもあります。それがこの世でもあの世でも、場所が違うだけで、彼が幸せならそれが答えでいいんじゃないかなって。

願う内容は個人のモノ。
叶える選択も個人のモノ。
それぞれの人生、好きに生きたらいい。

私は、「人生どん底だ」と思っていたあの時、それでもかすかに「生き残りたい」という選択が常に勝っていて、「生きたいか、死にたいか」という問いに対して、「今じゃない」「今じゃない」という選択をしてきた結果として「今」を生きています。

「(死ぬのは)今じゃない」っていう選択が、次の未来で「あそこで死ななくてよかった」って思えていて、今「もうちょっと先の未来が見たい」と思える自分になれている。

死んだらなくなる可能性。
生きていたらゼロにならない可能性。

私はまだこの世で掛け算をしていたいから、きっと、今日も生きて明日も生きる。

あなたに逢いたくなっても、
まだ逢いにはいかない選択をするのだと思うよ。

Q/しんどくなってきた。
元気パワーください！

A/経験を経た者にしかない魅力あり

経験に無駄はなし！　そう思える心そのものがパワーの源になったりするよ。

お菓子を配るおばあちゃん

幼い頃から私は早くおばあちゃんになりたいと思っていました。
大人になって、誕生日を迎えるたびに「うれしくないんだよね」「またひとつ歳とっちゃったよ〜」ってまわりは残念がるけど、私は一回も誕生日や年齢を重ねることが嫌だと思ったことがなかったんです。

年齢を重ねたぶんだけ人生で得るものは多く、
若さを失う代わりにそれ以上の得難い経験を手に入れられる。

経験や重ねてきた歴史は目に映らないものだから見失いがちだけど、私は鏡を見て「老けたなあ」と思うたびに、内側にある経験を思ってニヤニヤしていたい。

私がおばあちゃんになることに憧れるのは、私のおばあちゃんがほんとうに素敵だったから。

おばあちゃんが持っている包容力や考え方がほんとうに大好きで、早く、年齢と経験を重ねてあそこに到達したい、ってずっと思ってきました。

人生の晩期を美しく、豊かに生きるには、老いを否定しないこと。

私の人生前半は、わりと波瀾万丈《はらんばんじょう》、紆余曲折《うよきょくせつ》なものだったけど、これからの後半は穏やかに、平穏に生きていきたい。

この人と逢えてよかった。

この子たちと一緒に過ごせてよかった。

いろいろあったけど、この人生を歩めてよかった。

そうやって、自分の人生の結末に向かって、たくさんの「よかったな」を重ねていくことが、人生を豊かに、美しく、幸せに生きることだと思うし、心が潤っていたら、勝手に美しくいたいというエネルギーがあふれてくると思うから。

そう考えると、

老いを受け入れるということは、
美のエネルギーが生まれるということ。

おばあちゃんになったら、机の下にお菓子をいっぱい置いておく。
それで、孫たちがそのお菓子を食べたくて帰ってくるようなおばあちゃんになりたい。
孫たちが「おばあちゃんっていつも机の下からお菓子出してくれたよね」って思い出話が残るようなおばあちゃんになれたら、私の幸せにつながるのだと思います。

Q／つらいです。前を向きたい！

A／目は前に首傾けて！空がいる

考えなくても目は前についていて、前を向いているからだいじょうぶ。さらに、上を見て空を見上げてみたら、世界は広いって思えるかもよ。

人生はチームをつくること

私が奔放《ほんぽう》なのは、きっとゆるしてくれたきょうだいがいたからで、私が私になれたのは、きっと人生の景色を魅せてくれた両親がいたからです。

人によって心が殺され、でも人によって救われてきて、「人はひとりでは生きていけない」ということを痛感してきた私は、「家族」や「仲間」のありがたみを強く感じています。

心はひとつで、脳もひとつ。

その心と脳ですべてを考え、すべてを受け入れようとするとパンクしてしまうけど、もしチームが2人になったら、3人になったら、割り算をしたり、掛け算をしたり、引き算をしたりして、ひとりでは出せなかった答えが出てくるかもしれない。

そうやって、それぞれが積み上げてきた経験や知識を持ち寄って、たくさんの方程式をつくることができたら、それぞれの人生はより幸せになる。

いきいきと、自分が幸せに生きられる人、人を幸せにできる人は、チームをつくることがとても上手な人。

それは仕事でもプライベートでもそうで、私に出逢ってくれた大切な仲間と最高なチームをつくっていきたいし、大切な家族と最幸なチームをつくっていきたい。

相思相愛に余命を寄り添い遂げるバディがいてほしいし、子どもを含めたチームであってほしい。

人生は個人戦ではなく、チーム戦だと思うから。

Q/なんか負けないでほしい

A/負けないよ
ビビりは勝負を
しないもん

私が闘わないのはビビりだからだって、私は知ってる。ただ、しなやかな強さだけは持っていたい。

Question & Answer
質問に答えましょ

Q/乗り越える力と魔法の言葉はありますか？

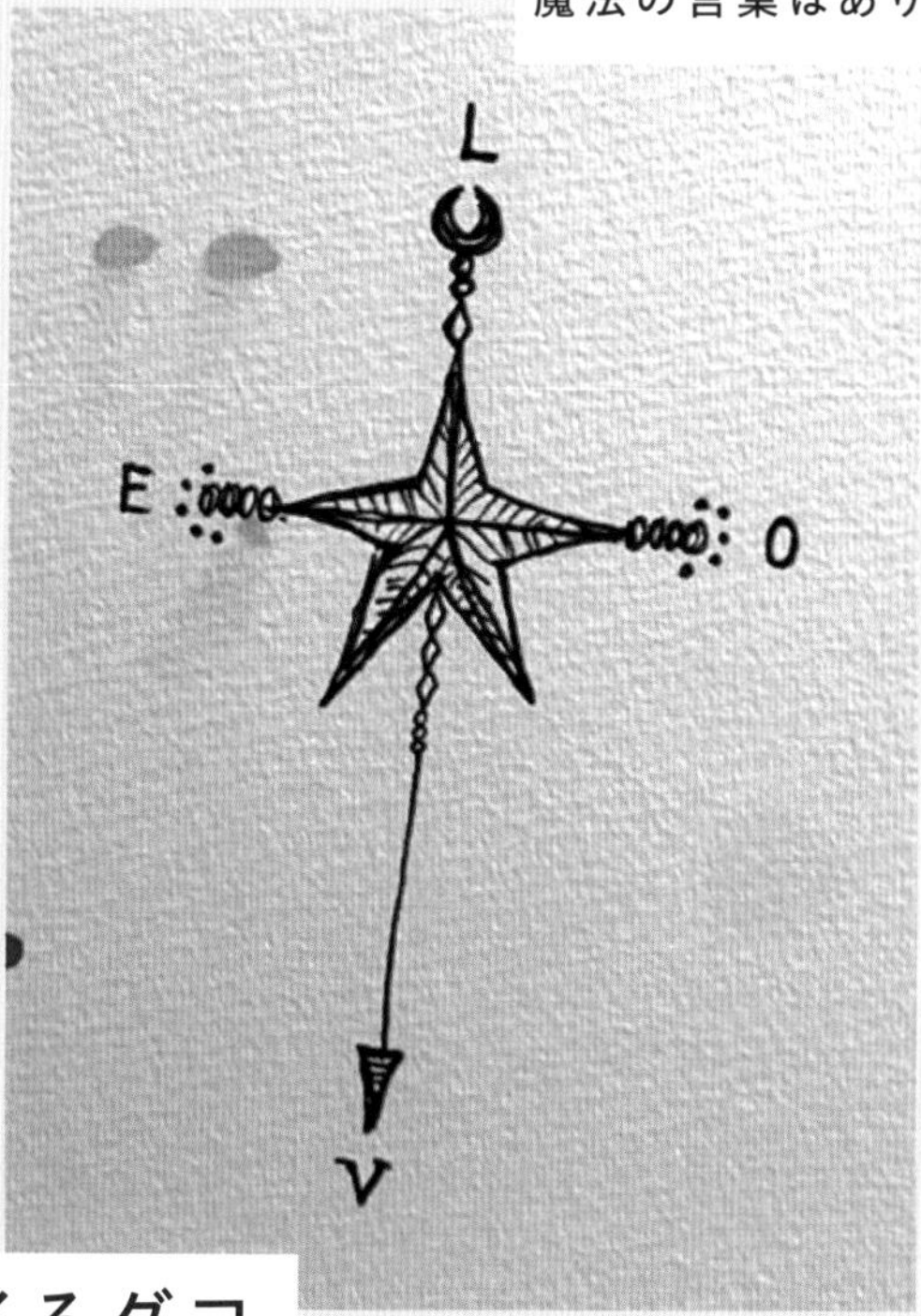

A/つくるダヨ 言葉の魔法をかけるダヨ

魔法の言葉は人それぞれ。魔法の言葉は自分で作って、自分で自分にかけてあげたほうがいちばん効果があると思うよ。

無駄なプライドは持たないというプライド

ありがたいことに、今でもテレビのお仕事をいただけていますが、バラエティ番組は楽しい一方で緊張もします。

台本がない世界で、自分が発した言葉が編集されてお茶の間に届けられた時、「西山茉希」はどう思われるのかな……。番組のオンエアのあとに、ムカつかれたり、嫌われたり、思った方向じゃない目線で捉えられたりするのかなって思うと、いつも怖い。

テレビは、限られた時間のなかでおさめなければいけないので、それは当然も当然。でも、そうやって伝わっていく「私」をどこか直視できずにきました。

一方で、インスタは、自分の言葉で自分の思いを綴《つづ》れるツール。

ありのままの自分を、編集なしで書き留めておける場所。

私がおばあちゃんになった時、子どもたちが私のインスタを振り返って見てくれたら、「ママってこの時、こんなふうに思ってたんだね」「こんなに笑って、こんなに泣き虫だったんだね」って、まるでアルバムを開くように眺めてくれたらうれしい。

私にとってインスタは「公開日記」のようなもので、子どもたちにはいつか、私のことを面白おかしく検索してほしいな、って思っています。

とはいえ、「嫌われるかもなー」っていうトラウマからは抜けきれていないし、心ない言葉が直に届くのも現実。

何度もやめちゃおうかなって思ったりもしたけど、でも、自分の温度感で、自分の言葉で、ゆっくりみんなと話せるインスタライブの場は、「ありのまま」でいられる場所でもあるから。

もちろんインスタライブ中も心ない言葉が届くことはあるけど、それに対しても自分の言葉で返そうと思えば返せる。「こういう言葉が文字で届くと悲しいよね」って素直に言える。

その声のトーンとか、抑揚《よくよう》とかで、私の素直な気持ちが届けられれば、今の自分の中での心地いい出し方になる。

ありのままの自分を見せることは、それが受け入れられなかった時のことを思うと恐怖でしかないけど、でも、**飾ることのほうが私には心地悪く、取り繕うことのほうがよっぽど疲れてしまう**んだなって思ってからは、まわりからどう思われても、等身大の私で生きていたいって、どこか吹っ切れた部分もあるんだと思います。

背伸びしない。
比べない。
無駄なプライドは持たないというプライドを
私なりのやり方で守っていきたい。

Q/ 覚悟の決め方を教えてください

A/ 悩まない
決めたい時には
決まってる

覚悟が決まった時は、人にどうしたらいいのかを聞く前に、もうとっくに体も頭も動いてる。覚悟が決まらないのは、覚悟を決めようとしていないってことじゃないかな。

Happiness

生きる道に無駄なし

とあるレジェンドとやりとりをしていたある時、「暇に憧れる」という言葉が届きました。


「まだ憧れるものがあったんだね」

と返信しながら、それが「暇」だということがなんだかおかしくて。

不思議にも思ったことを覚えています。


成功とお金を手に入れて、上り詰めた場所にいる人が憧れる「暇」。

まだ頑張らなければと、不器用にもがく私が恐れる「暇」。

同じものを別の場所から別の認識で見ている2人。


私が見れていない景色を見ている人がこぼしたそのひと言は、自分が感じる

「暇」を大切にしてみようと、学ばせてくれるものとなりました。

空いた時間におびえず、有意義に暇を過ごすゆとりを持とう。

そこにあるのは無駄なんかじゃなくて、そこでしか感じられないものであるはず。

立場もカタガキも違えど、互いの人生でつながれたことでそれぞれの体感を交換できるご縁があります。

捉え方も感じ方も人それぞれ。
与えられた、今あるものを大切にできる人でありたいと、私は教えてもらいました。

Q／やろうかやらないか迷っている人生です

A／迷うならやる側の我にベッドする

私は迷うくらいなら、やらない選択肢は選ばないかな。やるほうの自分に賭けて、勝負する。

Q／先日離婚しました。これから先が不安です

A／見えぬ明日 迎える明日も 過去になる

見えないものや見えない将来に対しては、不安や恐怖が強くなるものではあるけど、今「見えない明日」のことは、明後日になれば「見えた昨日」になる。不安な未来は、過ぎ去ってしまえば、確かな過去になる。だから安心して進めばいい。

Happiness

「短命」と告げられた占い

「本来、短命な宿命の人なんです」

2022年のある日、出会った占い師さんが言いにくそうにしながらも、私にそう伝えてくれました。


27歳の寿命を繰り返している魂なのだと。

今世は何かのきっかけで10年延びているのだと。

〝宿命大殺界〟

耳にすると恐ろしいようなワードを、知る日でした。


「1年半後、生きていたら何かを乗り越えられている証拠です。

茉希さん。言いにくいことを言いますが、このパターンで1年半後に亡くなっている方を私は経験上見てきています。芸能界でもいらっしゃいました」

そんな話を聞く「今」があるなんて想像もしていなかった私は、ただただ話を聞くだけでした。

それでもどこか、否定する気持ちが浮かばなかったのは、言われていることに納得できる要素が、私の過去にはあったからなのかもしれません。

「生きること」「死ぬこと」は、今、今、今も、それは隣り合わせであることに不思議はありません。

命に自惚《うぬぼ》れることもないぶん、私は、自分の心の欲を可能な限り満たしながら生きているタイプなのではないかと思います。

そんな自分に伝えられた、短命の宿命。

未来を伝えられると、直感が消されてしまいそうで怖い。

願わくば笑っていたい。一緒にいてくれる人を笑わせたいし、笑わせられたい。笑顔ほど最強な幸せのツールはないと思うから。

Q/10年以上闇が続いています。どうしたら抜け出せるのか……。絶望しかありません

A/もしかして真っ暗闇ではないのかも

「どうしたらいいのか」を考えられるだけ、まだエネルギーがあるっていうこと。「闇」くらいならみんな持ってる。真っ暗闇ではないなら、まだまだ生きていける。

Happiness

自分の生き方に責任を持つ

「短命」と予言されて向き合うことになった、私の命、運命、人生。

たかが占いだとしても、日常の中で忘れがちな「命の限り」を見つめ直した時、
私は今世をどう生きていたいんだろう。

愛したいなら愛せばいい。
信じたいなら信じればいい。
守りたいなら守ればいい。
離れたいなら離れればいい。

シンプルにそう思いました。

思考の深さ、広さは十人《じゅうにん》十《と》色《いろ》。
それぞれが行動に起こす表面から伝わることはほんのわずか。
その人の本心を知ることは、血のつながる家族ですら難しく、解けない謎があることが当たり前なのだと思うけど、人は人を知りたがるし、感じたがるもの。

自分以外を「他人」だと呼んだら失礼に聞こえるかもしれないけれど、私は自身を勝手に語られることが苦手なぶんだけ、他人に必要以上の興味を持つことはやめているところがあります。

常に大事にしたいのは、自分の感情に対する「自己責任」。

自分の人生経験でしか感じられるものはなく、無意識に人と比べるモノサシを持ってしまっているぶん、誰かに対する想いを勘違いしたり、きれいごとに見せたりすることは気をつけなければいけないと感じるようになって数年。

何が起きても、どうなっても、
〝自分は自分でしかなく、他人は他人でしかない〟。
〝何様にもならず個として生きる〟。

私が1年半後、今世に生きていても死んでいても、私の魂はまた生まれ変わって何かの型にハマり、その時を生きるはず。

今も私の魂は、私の体を借りて生きているだけ。
感じられるものを学びに変えて成長を求め、この魂を育てたい。

それぞれの経験や生きる時間に無駄などなく、他人にかまっている暇もなく、自分を愛してあげる力を磨くほうがいい。
己を愛せている人ほど、そのゆとりが他をゆるせる愛に変わるのではないか。

そういうシンプルな生き方に魅力を感じています。

Question & Answer
質問に答えましょ

Q/占いで「今年は良くない年」って言われてたけど、どんな1年だった？

A/聞いたから良くない自分を裏切った

年初に「今年はあまり良くない1年になるかもしれません」って占い師さんに言われたんだけど、聞いたからこそ、裏切られる自分でいようと決めた。良いも悪いも、幸せも不幸も決めるのは自分だから。

Happiness

明日を生きるあなたへ

ありがたいことに家族の愛に恵まれて生まれ育ち、
想定外の経験を重ねさせてもらい、
たくさんの方々とのご縁をいただいて37年間。
こうして発信させてもらう場を与えてもらい、
こうして心を言葉に変換しています。

この本を手に取り、今このページまで読んでくださっている皆さまとともに、
またこの先も命ある限り、全力で生きることを感じさせてもらいたい。
全力で逝くことに向かって両手を広げていたい。
そんな想いの私が、このページまで書き上げさせてもらいました。

読み終えて本書を閉じたあと、

数パーセントでも皆さまの心がさまざまなカタチで充電され、
明日へ向かうエネルギーが生まれていたら幸いです。

どうせ同じ1日なら、思いっきり笑って1日。

私の好きな言葉でもありますが、思いっきりなど笑えなくて、時に苦しい言葉にもなります。

〝のらりくらり〟といきましょう。
〝まあ、いっか〟といきましょう。

その時、その時、「何がどうなったとしてもだいじょうぶ」と、それぞれの心を抱きしめてあげましょう。
今日を終えて明日へ
〝行ってらっしゃい〟。

Q 明日も頑張るみんなにひと言!

A／それぞれに幸あれ笑あれ福きたれ

＃雨降って〝自〟固まる

流れる涙が雨だとしたら、
きっとそのぶん心が晴れてやさしくなれてる。

しんどい試練が起きたとしたら、
きっとそのぶん強くなれてる。

〝今〟に正解が見つからないなら不正解でもなく、
迷子になってもそこにはきっと何かがあって、
見つけるか見つけないかはその人次第。

小さくて紛れそうなその何かを、
私は見つけられる人でありたい。
そしてひとつひとつを、タカラモノにしたい。

この本を読んでくださった皆さまの〝今〟。
「なんか読んでよかった」と、通り過ぎてもらえたらうれしいです。

制作のきっかけとなってくださった作家のしみずたいきさん、
編集担当として二人三脚をしてくれた滝澤さん、
この本を手に取ってくださった皆さま、
そして、経験を与えてくれた私の過去たちに、
心より感謝いたします。

心の柔軟を大切に。
喜怒哀楽でだいじょうぶ。
だいじょうぶじゃなくてもだいじょうぶ♡

2022年12月吉日　西山茉希

西山茉希（にしやま・まき）

2004年デビュー。
モデル、タレントとして活動。
現在2児の母。

YouTube：西山茉希の＃俺流チャンネル
Instagram：@maki.nshiyama50
Twitter：@makky_panther
TikTok：@maki.nishiyama1116

だいじょうぶじゃなくてもだいじょうぶ

2023年1月31日　第1刷発行

著者　西《にし》山《やま》茉《ま》希《き》
発行者　佐藤 靖
発行所　大《だい》和《わ》書房
東京都文京区関口1-33-4　電話 03(3203)4511

ブックデザイン　宮下ヨシヲ（SIPHON GRAPHICA）
撮影　猪原悠
協力　中居寛暁　村田望　堀江希望（Grick株式会社）
編集　滝澤和恵（大和書房）

印刷　歩プロセス
製本　ナショナル製本

日本音楽著作権協会（出）許諾第2209774-201号

ISBN978-4-479-78578-1
乱丁本・落丁本はお取り替えいたします
https://www.daiwashobo.co.jp